面向小型水库安全运行的"水库管家"新方法、新技术及其应用

陈华 香天元 杨胜梅 刘炳义 王俊 著

U0306988

中国水利水电出版社
www.waterpub.com.cn
·北京·

内 容 提 要

　　小型水库数量众多、分布广泛，承担着防洪减灾、保障农村供水和农业灌溉、涵养水源、修复生态等多重功能，是国家水网体系的重要节点，是国家水利工程体系的重要组成部分，对国民经济发展作出了重要贡献。本书详细探讨了小型水库标准化管理内容、管理新模式与科技创新服务技术体系，提出了基于"互联网＋"的小型水库"水库管家"科技创新服务技术体系，介绍了适用于小型水库雨水情监测设备及工程安全监测与探测设备，研究了适用于小型水库的入库洪水预报技术，开发了集多种技术于一体的小型水库"水库管家"智慧云平台智能移动 App，通过应用实践总结了"水库管家"多元化的组合服务模式。

　　本书可供水利领域的管理人员、科研人员、工程技术人员和水利类专业在校学生阅读。

图书在版编目（ＣＩＰ）数据

面向小型水库安全运行的"水库管家"新方法、新技术及其应用 / 陈华等著. -- 北京：中国水利水电出版社，2021.12
　ISBN 978-7-5226-0308-7

Ⅰ.①面… Ⅱ.①陈… Ⅲ.①小型水库—水库管理—应用软件 Ⅳ.①TV697.1-39

中国版本图书馆CIP数据核字(2021)第260016号

书　　　名	面向小型水库安全运行的"水库管家"新方法、新技术及其应用 MIANXIANG XIAOXING SHUIKU ANQUAN YUNXING DE "SHUIKU GUANJIA" XIN FANGFA，XIN JISHU JI QI YINGYONG
作　　　者	陈 华　香天元　杨胜梅　刘炳义　王 俊 著
出 版 发 行	中国水利水电出版社 （北京市海淀区玉渊潭南路 1 号 D 座　100038） 网址：www.waterpub.com.cn E-mail：sales@mwr.gov.cn 电话：(010) 68545888 （营销中心）
经　　　售	北京科水图书销售有限公司 电话：(010) 68545874、63202643 全国各地新华书店和相关出版物销售网点
排　　　版	中国水利水电出版社微机排版中心
印　　　刷	北京中献拓方科技发展有限公司
规　　　格	170mm×230mm　16 开本　9.75 印张　175 千字
版　　　次	2021 年 12 月第 1 版　2021 年 12 月第 1 次印刷
印　　　数	001—300 册
定　　　价	**60.00 元**

　　我国建成各类水库 9.8 万多座，其中小型水库约占水库总数的 95%。小型水库数量众多、分布广泛，承担着防洪减灾、保障农村供水和农业灌溉、涵养水源、修复生态等多重功能，是国家水网体系的重要节点，是国家水利工程体系的重要组成部分，是改善乡村生态环境、助推乡村振兴战略实施的重要基础设施。小型水库在城乡防洪、灌溉、供水、发电、养殖等方面发挥了巨大作用，特别是在社会主义新农村建设中，为改善农民生产生活条件、促进农村经济持续发展、提高人民生活水平和保障社会稳定发挥着不可替代的作用，作出了重要贡献。但是小型水库也是国家和地区安全度汛的痛点，大多数小型水库建设于 20 世纪 50—70 年代，点多面广，受各种因素影响，工程设施老化、安全隐患多、人员和经费不足。2013 年以来，水利部先后印发了加强小型水库管理的相关文件，重点关注水利工程运行维护方式的转变，明确提出推行水利工程的标准化、物业化管理，2021 年 4 月水利部明确提出"十四五"期间将加大力度研究小型水库管理模式、建设小型水库雨水情测报和安全设施监测等内容，加强运行管理，确保水库安全。

　　小型水库"重建轻管"问题突出，小型水库安全运行保障一直是国家和地方水利工程安全运行与管理中的薄弱环节，亟须研究和探索新的管理模式和技术手段，规范水库管护行为，提升小型水库安全运行水平刻不容缓。针对上述问题，作者及研究团队通过合作研究，对小型水库的标准化管理、管理机制以及安全运行保障技术进行创新研究，形成了创新性成果，并已在全国1万余座小型水库成功应用，产生了巨大的社会效益和经济效益。本书内容以显著提升小型水库安全运行保障水平为目标，以保障小型水库安全运行为中心，以创新小型水库管理体制为契机，以解决小型水库安全管理责任不清晰、养护力量不足、安全度汛技术落后和安全运行监督机制缺少等问题为突破口，以自主创新为驱动力，围绕小型水库管理模式创新和管理方法科技创新开展了系统研究，形成了拥有完全自主知识产权的小型水库运行管理的可移植、可扩展和可定制的创新与实用技术成果，并在全国不同地区进行集成示范应用，为保障我国小型水库安全运行提供技术支撑和可靠保障。

本书主要内容如下。

第1章介绍了我国小型水库分布、作用及运行管理现状，深入探讨了小型水库运行管理存在的问题，提出了本书主要内容及其重要性。

第2章系统研究了小型水库标准化管理服务制度和服务规范，并提出对策和思考。

第3章探索了小型水库运行管理模式，提出了相应的改革措施和建议，提出基于"互联网十"的小型水库"水库管家"科技创新服务模式和科技创新服务技术体系。

第4章介绍了适用于小型水库的雨量自动观测仪器、基于图像和雷达的非接触式水位流速监测技术，以及满足小型水库监测要求的水文巡测规范和分布式水文智能测控系统。

第5章介绍了适用于小型水库的无线低功耗数据传输通信技术、大坝安全监测采集装置和工程安全隐患探测技术。

第 6 章研究了基于参数时空转换函数和降水偏差订正技术的小型水库入库洪水预报技术，探讨了小型水库水文应急监测规范、水旱灾害预警指标和水文应急分析计算方法。

第 7 章研发了集大数据技术、雨水情监测、工程安全监测与探测、洪水预报与应急预警、云计算、物联网等多种技术于一体的小型水库"水库管家"智慧云平台和智能移动 App。

第 8 章介绍了"水库管家"应用实践，重点介绍了河北鹿泉模式和安徽定远模式两种应用实践模式，并分析和统计了"水库管家"的应用效益。

第 9 章总结了本书内容，并提出可以进一步研究的方向。

本书是团队集体智慧的结晶，全书由陈华、香天元、杨胜梅、刘炳义和王俊总体设计并主笔，参与本书各章节写作的还有：杨胜梅（第 3 章、第 5 章）、陈杰（第 6 章）、尹家波（第 6 章）、田冰茹（第 2 章）、盛晟（第 4 章、第 6 章）、葛晓武（第 7 章、第 8 章）。在团队的共同努力下，几经修改并由陈华、香天元、杨胜梅、刘炳义、王俊最终定稿。在书稿撰写过程中得到了北京太比雅科技股份有限公司和"水库管家"应用单位的大力支持，在此一并表示感谢。

由于作者水平有限，书中难免存在不足之处，欢迎读者提出宝贵意见。

作者

2021 年 10 月

▶目 录

绪　论

1.1　我国小型水库分布与作用

　　我国位于太平洋西岸，地域辽阔，地形复杂，东亚季风气候非常显著，自然条件相差悬殊、水文气象各异。年内降雨主要集中在夏季，大部分地区汛期连 4 个月降雨量占全年的 70％ 左右；东南地区多年平均降雨量高达 1600mm，而西北地区有的地方降雨量甚至少于 50mm。降水是我国水资源的主要来源，由于降水量的地区和年内分布很不均匀，因而造成我国水资源地区分布和年内时程变化不均的两大特点。虽然我国的多年平均淡水资源总量为 2.84 万亿 m^3，占全球水资源的 6％，位列世界第 4 位，但是人均水资源量只有世界人均占有量的 1/4，是一个水资源贫乏的国家。我国特殊的地理、地形、气候和水文条件，决定了我们必须建设并依靠水库大坝等基础设施，对有限的水资源进行科学合理调节，有效开发利用水资源和防治水患。中华人民共和国成立以来，我国开展了大规模水利建设，建成数以万计座水库。根据 2020 年《中国水利统计年鉴》统计数据，2019 年全国共有水库 98112 座，其中小型水库 93390 座，占水库总数的 95.79％。中国大陆各省小型水库分布数量见表 1-1。从表 1-1 中可以看出，我国小型水库最多的省份是湖南省，东南、西南区省份小型水库数量多，西北干旱区小型水库数量少。

　　小型水库数量众多、分布广泛，承担着防洪减灾、保障农村供水和农业灌溉、涵养水源、修复生态等多重功能，是国家水网体系的重要节点，是国家水利工程体系的重要组成部分，是改善乡村生态环境、助推乡村振兴战略实施的重要基础设施。小型水库在城乡防洪、灌溉、供水、发电、养殖等方面发挥了巨大的作用，特别是在社会主义新农村建设中，为改善农民生产生活条件、促进农村经济持续发展、提高人民生活水平和保障社会稳定发挥着不可替代的作用，作出了重要贡献。

表1-1　　　　　2019年中国大陆各省已建成小型水库分布数量

省份	数量/座	省份	数量/座	省份	数量/座	省份	数量/座
湖南	13643	江西	10393	广东	7969	四川	7961
湖北	6572	山东	5673	云南	6435	安徽	5954
广西	4245	浙江	4086	福建	3469	重庆	2959
河南	2362	贵州	2292	吉林	1454	黑龙江	847
陕西	1012	海南	1019	河北	992	江苏	901
辽宁	673	新疆	478	山西	532	内蒙古	496
甘肃	336	宁夏	290	青海	168	西藏	99
北京	66	天津	14	上海	0	全国合计	93390

数据来源：2020年《中国水利统计年鉴》，中华人民共和国水利部编，中国水利水电出版社出版。

1.2　我国小型水库管理制度与现状

1.2.1　我国小型水库运行管理制度

我国水库管理，实行从中央到地方分部门、分级负责的管理体制。国务院水行政主管部门会同有关主管部门行使全国水库大坝安全管理的行政管理职能；县级以上地方人民政府水行政主管部门会同有关主管部门行使本行政区域内水库大坝安全管理的行政管理职能，对水库大坝安全实施监督（水利部建设与管理司）。大中型水库一般都有专门的管理机构，而小型水库由于数量多且分布广，一般由所在地的地方人民政府主管部门管理。

经过几十年的法规和标准体系建设，目前我国已具有较为完备的水库管理法规与技术标准体系，已初步形成了以《中华人民共和国水法》《中华人民共和国防洪法》等为基础，《水库大坝安全管理条例》为骨干，一系列规章、规范性文件和技术标准为辅助的较为完备的水库管理法规与技术标准体系，为水库管理的法制化、规范化奠定了基础。

对于小型水库管理，目前已依据有关法律、法规、规章，建立一系列行之有效的水库管理制度，具体可分为水库安全管理基本制度和日常运行管理基本制度。水库安全管理基本制度，具体包括大坝安全管理责任制、大坝注册登记制度、大坝安全鉴定制度、水库降等与报废制度。小型水库安全管理的责任主体包括相应的地方人民政府、水行政主管部门、水库主管部门或水库所有者（业主）及水库管理单位；农村集体经济组织所有的小型水库，所在地的乡镇人民政府承担其主管部门的职责。小型水库管理应明确三个责任人：行政责任人、技术责任人、巡查责任人。小型水库日常运行管理基本制度依据《水库大坝安全管理条例》《小型水库安全管理办法》等有关规定，应建立和落实调度运用、巡视检查、工程监测、维修养护、应急管理、安全生产、技术档案等基本制度，实现水库管理规范化、制度化，保障水库安全运行。

尽管我国水库运行管理已具备较为完善的管理制度，但由于小型水库点多面广，基础设施相对薄弱，缺乏稳定的管理养护经费，大部分小型水库的标准化、现代化、数字化管理技术并没有得到应用。小型水库因地制宜的管理制度还有待于进一步完善。

1.2.2　我国小型水库运行管理现状

由于大中型水库承担了我国各大流域防洪的主要任务和压力，是国家和地区防洪关键性保障工程，大中型水库工程建设质量、雨水情监测设施、洪水预报调度能力、大坝安全应急能力、技术人员队伍、水库日常管理制度等方面都较为完善，而且大中型水库大都具备一定的发电、供水和通航等经营能力，水库建设和管理资金投入上有保障。因此大中型水库工程安全有保障，运行管理水平和技术队伍水平较高，运行管理机制较为完善，防御暴雨洪水能力强。然而我国小型水库由于数量多、分布广，绝大多数小型水库兴建于20世纪50—70年代，限于当时经济状况和实施条件，以及小型水库的作用和地位，普遍存在工程标准低、建设质量差等问题。耿庆柱（2013）收集和分析1991—2013年289座水库大坝的溃坝案例，其中小型水库283座，占比98%，中型水库6座，无大型水库。垮坝原因既有工程质量问题，也有水库安全运行管理不善的原因。大多数小型水库在日常运行管理中由于运行管理制度落实不到位、雨水情监测与大坝安全监测设施不完备、大坝病害隐患的存在、信息化水平低、资金投入难以持续保障、技术队伍力量薄弱等问题，导致小型水库运行管理不规范、水库功能萎缩和效益衰减，安全隐患突出，小型水库安全运行管理问题是我国水利工程运行管理体系的痛点。当前小型水库运行管理存在的主要问题如下：

（1）防洪安全问题突出，洪水防控能力弱。小型水库流域面积小、汇流时间短、洪水来得快、调蓄作用小，而且大部分水库缺乏必要的雨情水情监测设施和洪水预测预报能力，应对大暴雨洪水时主动防控能力弱。中华人民共和国成立以来，全国共发生中小型水库溃坝事件 3000 多起（方崇惠，2010）。小型水库防洪安全问题已然成为我国防洪体系中的薄弱环节和重要隐患，亟须开展和认真做好小型水库雨水情监测和水文预报调度工作，提高小型水库应急防汛能力，是加强小型水库管理的当务之急。

（2）工程安全隐患大，大坝安全监测水平低。大部分小型水利修建在地区偏远、交通不便的位置，小型水库施工标准相对较低，这对工程安全运行埋下了较大的隐患。近年来中央和地方不断加大投入力度开展了大规模的病险水库除险加固建设，安全管理设施得到有效改善。但由于小型水库数量大，大多数水库没有实现大坝安全自动监测，亟须加强小型水库大坝安全加固和自动监测系统建设。

（3）小型水库缺乏标准化的运行管理和养护制度。小型水库运行管理缺乏因地制宜的标准化运行管理制度规范，管理权限不清晰，未形成规范化文件，导致管理上也有一定的困难，日常水库巡检和养护不规范也极大地影响了水库的安全运行。

（4）管理模式落后，未与时俱进。各基层管理模式大部分仍以传统的县水利局统筹，乡镇水管人员执行的模式，目前管理模式大都是以分散式管理为主，管理成本高。

（5）专业技术队伍弱，运行经费难保障。基层乡镇水利专业队伍力量薄弱，人员少、事情多、压力大的矛盾突出，管理人员和巡查管护人员大都是非专业人员；小型水库维养经费以及巡查人员工资基本上是由地方财政拨款，由于各地方县财政经费的支持差距大，绝大部分小型水库无稳定的日常维修养护经费来源。

（6）基础设施不齐全，信息化水平层次低。小型水库分布广、地处偏远，大部分缺乏自动采集设备及设施、信息化管理平台，难以达成标准的专业化技术管理和社会化物业管理，导致基层管理人员工作量大，应急管理较为混乱。

综合分析可知，小型水库缺乏标准化与数字化管理的成套技术与策略，是水利工程安全评价的薄弱环节，极大制约了国家数字水利、智慧水利和智能水网的发展与建设。

1.3 加强小型水库管理创新的必要性

1.3.1 实现我国防洪安全和小型水库工程安全运行的重要保障

小型水库是我国防洪安全和水利工程安全体系薄弱环节和短板，水利部提出了《加强小型水库安全管理三年行动方案》，全面推进小型水库运行管理规范化，提升安全运行管理水平。小型水库雨水情、工程安全监测以及洪水预报预警设施，相较于中大型水库存在明显的短板，是薄弱环节，必须依靠小型水库管理机制改革、管理模式创新和科技创新，弥补和强化小型水库防洪安全薄弱环节，为实现我国防洪安全和小型水库工程安全运行提供重要保障。

1.3.2　全面推进国家乡村振兴重大战略的需求

"十四五"期间，乡村振兴行动全面启动，农村人居环境整治提升，农村改革重点任务深入推进，农村社会保持和谐稳定。小型水库是改善乡村生态环境、助推乡村振兴战略实施的重要基础设施。在乡村防洪、灌溉、供水等方面发挥了巨大的作用。2021年中央一号文件明确提出"加强中小型水库等稳定水源工程建设和水源保护，实施规模化供水工程建设和小型工程标准化改造"，因此加强小型水库管理机制改革和科技创新将确保小型水库防洪安全、供水安全和生态安全，助力全面推进国家乡村振兴和实现农村现代化。国家将加强水库除险加固和运行管护工作、小型水库雨水情检测和安全设施建设工作。

1.3.3　推进新时代智慧水利和国家智能水网建设的重要抓手

水利部《加快推进新时代水利现代化的指导意见》明确提出完善大中小微相结合的水利工程体系，全面深化水利改革和推进水利体制机制创新，提升水利管理现代化水平，创新水利工程管理方式，大力推进水利科技创新，全方位推进智慧水利建设，大幅提升水利信息化、智能化水平。"十四五"期间，国家水网建设为核心系统大力推进水利信息化建设，打造国家智能水网。小型水库是国家水利工程体系的重要组成部分，是国家水网的重要节点，也是国家水利工程体系和国家水网的薄弱环节和短板所在，因此加强小型水库管理机制改革和科技创新是推进新时代水利现代化和国家水网建设的重要保障。"十四五"期间，研究成果将迎来推广应用的良好机遇和广阔空间。

1.3.4　实现小型水库管理理念与模式创新的关键

2002年，国家启动了水利工程管理体制改革，制定了《水利工程管理体制改革实施意见》（国办发〔2002〕45号，以下简称《实施意见》），根据《实施意见》，水利部提出《小型农村水利工程理体制改革实施意见》（水农〔2003〕603号），各地方积极开展小型水库管理体制改革的探索与实践。

2013 年以来，水利部先后印发了《加快推进新时代水利现代化的指导意见》《关于深化小型水利工程管理体制改革的指导意见》、《关于进一步明确和落实小型水库管理主要职责及运行管理人员基本要求的通知》（水建管〔2013〕311 号）、《小型水库安全运行专项督查工作实施细则（试行）》等相关文件，重点关注小型水库运行维护方式的转变，明确提出推行小型水库的标准化、物业化管理。要实现小型水库管理体制的成功改革，必须在管理理念和管理方法进行创新。

1.4 本书主要内容及亮点

1.4.1 本书主要内容

针对小型水库的管理现状与存在问题，本书主要介绍以下几个方面。

（1）小型水库的标准化管理制度与管理模式研究。针对小型水库管理现状及存在问题，本书研究了小型水库标准化管理制度与规范，探讨了小型水库的管理模式，提出基于"互联网＋"的小型水库"水库管家"技术创新服务模式和技术体系。

（2）水雨情监测技术研究与设备研制。为实现小型水库雨水情自动、在线和无人值守监测，以及智能巡测等目标，本书研制双筒互补型全自动的雨量蒸发观测仪器系统，研发非接触式水位流速监测技术，设计分布式水文智能测控系统，提出规范性的制度和措施。

（3）工程安全监测、探测技术研究与设备研制。针对小型水库位置偏远，供电及通信条件差等问题，本书研发了基于无线低功耗数据传输通信技术的大坝安全监测采集装置，研究集成地质雷达法、瑞雷波法、高密度电法和跨孔地震波 CT 方法于一体的工程安全隐患探测技术。

（4）洪水预报与应急预警技术研究。为提高小型水库防洪预报预警能力，研究基于参数时空转换函数和降水偏差校正技术的入库洪水预报技术，研究小型水库应急监测预警和计算技术。

（5）"水库管家"智慧云平台和智能移动 App 研发。为实现小型水库管理的科技创新，使得小型水库管理高度互联、集约和标准，本书研究以成果实用和应用为导向，建设集大数据技术、云计算、物联网等多种技术于一体的小型水库"水库管家"智慧云平台，研发面向小型水库安全运行标准化管理的"水库管家"智能移动 App，实现"水库管家"成套技术体系的实践应用。

1.4.2　本书内容主要亮点

（1）针对小型水库目前管理困境，创建了基于"互联网＋"的小型水库"水库管家"科技创新和综合服务模式，为小型水库集约化管理和远程专业技术支持创造了条件。

（2）研发了基于参数时空尺度转移函数和降水偏差校正方法的小型水库入库洪水预报技术、分布式水文巡测智能测控系统、集多种方法于一体的小型水库安全隐患探测技术等，为集约化、远程化、科学化、标准化管理小型水库提供了技术支撑。

（3）研发了多源信息融合技术和多功能管理的"水库管家"智慧云平台和智能移动 App，为小型水库日常管理和洪水防御工作提供了重要基础。

（4）成果应用广泛。水库管家平台及其相关研究研究成果已经在全国12219 座小型水库应用，在小型水库安全运行管理工作发挥了重要作用。这些水库应用该成果进行云平台搭建、移动 App 运用、标准化服务外包的模式进行水库运行管理工作，规范并提高了水库巡查、汛期 24 小时值守、维修养护、保洁除草、应急情况上报等工作效率，在汛期防洪和库区生态环境保护中发挥了重要作用，经济、社会和生态效益显著，经济效益已超过亿元。

小型水库标准化管理内容研究

小型水库作为水利标准化管理主要工程，因其数量多，且在管理方面问题突出，管理任务艰巨，因此，小型水库标准化管理工作是水利工程标准化管理的重要环节，事关水利工程标准化管理成败。同时，小型水库标准化管理是提升水库管理效能的必要手段。本章针对小型水库标准化管理服务制度和服务规范展开了研究。

2.1 我国小型水库标准化管理进展

我国水库管理，实行从中央到地方分部门、分级负责的管理体制。国务院水行政主管部门会同有关主管部门行使全国水库大坝安全管理的行政管理职能；县级以上地方人民政府水行政主管部门会同有关主管部门，行使本行政区域内水库大坝安全管理的行政管理职能，对水库大坝安全实施监督。大中型水库一般都有专门的管理机构，而小型水库由于数量多，且分布广，一般由所在地的地方政府主管部门管理。

目前我国已具有较为完备的水库管理法规与技术标准体系，已初步形成了以《中华人民共和国水法》《中华人民共和国防洪法》等为基础，《水库大坝安全管理条例》为骨干，一系列规章、规范性文件和技术标准为辅助的较为完备的水库管理法规与技术标准体系，为水库管理的法制化、规范化奠定了基础。

对于小型水库管理，目前已依据有关法律、法规、规章，建立一系列行之有效的水库管理制度，具体可分为水库安全管理基本制度和日常运行管理基本制度。水库安全管理基本制度具体包括大坝安全管理责任制、大坝注册登记制度、大坝安全鉴定制度、水库降等与报废制度。小型水库安全管理的责任主体包括相应的地方人民政府、水行政主管部门、水库主管部门或水库所有者（业主）及水库管理单位；对于农村集体经济组织所有的小型水库，所在地的乡镇人民政府承担其主管部门的职责。小型水库管理应明确三个责任人：行政责任人、技术责任人、巡查责任人。小型水库日常运行管理基本制度依据《水库大坝安全管理条例》《小型水库安全管理办法》等有关规定，应建立和落实调度运用、巡视检查、工程监测、维修养护、应急管理、安全生产、技术档案等基本制度，实现水库管理规范化、制度化，保障水库安全运行。

2015 年，浙江省在全省推行水利工程标准化管理，颁布了省级管理标准规范，通过标准化管理考核评估，这些工程的"制度化、专业化、信息化和景观化"得以初步实现。陈龙（2017）基于浙江省水利工程标准化管理的实践提出，水利工程标准化管理要建立管理标准体系、明确产权和管理责任事权、保障公益性水库的管理经费、推行政府购买服务和提升管理信息化水平等。2018 年江西依据"六步法"模式建立标准化管理体制，选取相对成熟的水利工程为标准化管理试点，其中包括小型水库 58 座，于 2018 年底完成试点工作，并取得显著成效（黎凤赓等，2019）。蔡子平等（2019）依据温州市小型水库标准化管理存在的短板，提出完善管理手册、加强管理人员培训、补充物业化管理、健全监督考核机制等方法加强小型水库标准化管理。通过对江西小型水库进行现场查勘，韩国杰等（2020）提出了完善小型水库制度标准、进一步规范小型水库常态化管理、加强监督考核和推进小型水库信息化管理的标准化管理方向。方卫华等（2020）为加强小型水库标准化管理，提高管理人员技术，就小型水库特点提出了"六字"管理办法。傅琼华等（2021）提出小型水库的标准化管理不仅是短期化创建，更要长期的常态化推进，以保障工程的安全运行、效益的持续发挥和水库景观化。

尽管我国水利工程已具备较为完善的管理制度，但由于小型水库点多面广，基础设施相对薄弱，缺乏稳定的管养经费，大多小型水库的标准化、现代化、数字化管理的配套技术没有得到有效改观。小型水库因地制宜的管理制度还有待进一步完善。

2.2 小型水库标准化管理的对策及思考

小型水库标准化管理涉及水库管理责任、日常运行管理、管理措施、管理保障、违规处罚等多方面的内容，针对小型水库标准化管理服务制度和服务规范，亟须因地制宜的标准化管理。

2.2.1 小型水库标准化管理评价体系

受传统的水库管理模式影响，我国小型水库因其数量多，管理水平参差不齐，没有统一的标准，小型水库管理一直是水利工程管理的薄弱环节。实施小型水库标准化操作管理，是提升我国小型水库安全运行管理水平的办法之一。标准化管理，是以相互融合、协同作用的技术准则建立标准化的工作体系（林斌斌，2020），可以通过建立标准程序和制度、绩效评价等多重体系，以流程为基础实现多个体系的统一管理，促进不同管理要素间的互相联系、相互作用，以达到最大效益。由于大部分小型水库的管理产权不明晰，管理人员专业技术薄弱，小型水库的标准化管理体系不健全，造成小型水库管理水平较低。明确小型水库标准化管理的主要事项及指标体系及各事项的管理要求，可以提升小型水库标准化管理水平（李书龙，2021）。

小型水库运行管理涉及许多方面，需要从中筛选出具有主导作用、代表性、可操作性强的小型水库管理事项（彭月平 等，2020），并根据小型水库特征和因地制宜的条件建立小型水库标准化管理指标体系。依据工程安全管理的系统性原则、以人为本原则、强制原则、预防原则和责任原则（殷乐，2017），参照小型水库运行管理的组织、保障措施、对象、内容、目标等要素（梁文娟 等，2021）将小型水库标准化管理主体事项划分为组织管理、安全管理、运行管理和保障机制4个方面17项主要具内容，结构体系见图2-1。

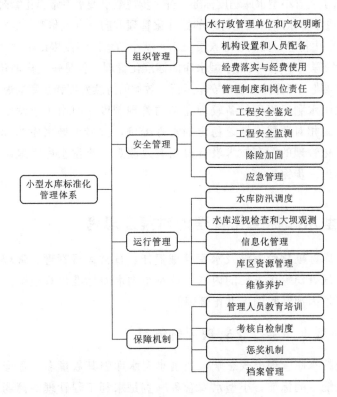

图 2-1 小型水库标准化管理体系

2.2.2　小型水库标准化管理内容探究

依据小型水库标准化管理指标体系及我国当前小型水库存在的各种问题，小型水库的标准化管理应从以下方面进行：

（1）管理制度和管理机制的标准化。要实施标准化管理，首先要明确管理责任主体，明晰水库管护范围和各级机构的责任，落实小型水库管理机制缺乏系统性的问题，为小型水库的标准化管理提供基础支撑。针对小型水库管理体制不明确、事权产权模糊等问题，依据《水利部、财政部关于印发〈关于深化小型水利工程管理体制改革的指导意见〉的通知》（水建管〔2013〕169号）的规定，按照"谁投资、谁所有、谁受益、谁负担"的原则，明晰小型水库工程产权和行政管理职责。管理组织应按照标准化管理要求，健全小型水库各项制度，包括安全管理责任制度、调度运用、巡视检查、维修养护、应急管理等各项制度。要明确安全管理责任人，并落实人员配备及对应的岗位责任。各级水利部门和水利服务机构应加强对小型水库的监管和技术指导，督促事权责任主体和相关配备人员切实履行管理责任。

（2）建立统一的小型水库安全监测上报制度和预警系统。健全的安全管理制度是小型水库能够安全运行的基础，也是标准化管理的主要内容之一。由于小型水库防洪安全问题突出、工程安全隐患大，水库工程的安全监测及安全鉴定是保障水库安全中尤为重要的一环，应做好大坝检查观测和大坝安全鉴定评估工作，形成定期上报水库安全监测工作总结及大坝安全评估的机制，做好水库安全的整编分析。除此之外，要做好应急管理工作，编制水库管理应急预案，依据应急预案根据不同险情做好工程技术措施和非工程措施，明确小型水库预警机制，依据机构、制度、网络等构建适用于小型水库的预警系统，确保水库严格按照管理规定运行，保障水库安全及人民的生命财产安全。

（3）小型水库标准化运行管理内容的梳理和明确。小型水库的运行管理是烦琐而杂乱的，涉及许多方面，想要提高运行管理水平，首先就应明确管理内容及各项内容要求，梳理各项管理内容并做到：①日常巡视检查的规范化，按照巡查制度做好日常的水库巡查工作和大坝观测工作；②防汛调度和安全管理的规范化，按相关规定做好汛前、汛期检查和水库调度管理；③维修养护的标准化管理，保障水库建筑物及配套设施的日常安全防护、日常养护和病害修理。

（4）专款专项的经费管理和开展管理人员的教育培训。小型水库由于其公益性的特点，往往没有稳定的经费保障，水库难以得到及时维护。因维修养护经费不足，部分小型水库的"景观化"较差，与水利工程标准化管理要求差距较明显，难以达到规定的等级标准（黎凤赓 等，2019）。要保障小型水库的日常运行和库区管理，就要切实落实小型水库经费的专款专用。除了要明确经费管理责任外，也要就经费来源及用途应做好说明阐述的书面材料。根据工程实际情况做好预算编制，避免出现与预算不一致的开支，以此保证专款专用，防止经费使用混乱，造成不必要的管理问题。对于水库管理及巡查人员，由于小型水库大多分布在山区且点多地广，我国小型水库一般聘用水库所在地的村民为管理人员，这些管理人员大多存在工作积极性不高、责任心不强的问题，影响了小型水库的安全运行（林斌斌，2020）。这是由于这些管理人员缺乏水利工程的专业基础，且大多小型水库基本没有上岗前的教育培训，也没有科学的考核考察与奖惩机制。因此，开展系统的教育培训并建立科学的考核机制，根据考核结果建立奖惩机制是小型水库标准化管理的保障措施之一。

（5）建立统一标准的小型水库信息化管理平台。标准化管理工作开展以来，尽管各省已经开始建立完善水库标准化管理的信息平台，但由于经费差异和工程管理侧重点不同，各工程管理单位建立的标准化管理信息平台难以做到相互统一、协调合作，难以做到各省水库工程信息共享及其统一管理（彭月平 等，2020）。而利用互联网信息技术，根据其信息化、数字化的特点，建立统一的水库标准化管理系统平台，可以实时监测及更新各级小型水库水情雨情、变形、渗流、水文观测等数据，并根据监测数据进行传输、存储、分析及预警，能够使水库的潜在隐患得到及时关注，提高水库大坝安全管理效率，可以进一步推进小型水库的标准化管理。

2.3　小型水库标准化管理服务制度与规范

（1）安全管理制度。水库物业化运行维护管养工作，工作地点在水库，大部分所处偏远的山区，交通不便，路况复杂，水库现场环境也多变，涉水涉高（空）工作多，水库运维人员的安全就至关重要，为了减少乃至杜绝安全事故的发生，应该从源头抓起，制定相应的安全制度，定期对水库运维人员做安全教育培训，时刻关注安全，保障水库运维人员的安全、保障水库运行安全。小型水库安全管理制度分项内容见表2-1。

（2）通用管理制度。小型水库数量多且管理水平落后，是水库管理的薄弱环节。"十四五"规划对水库安全管理工作赋予了新内涵，水库大坝安全面临从工程建设向运行管理、风险防控、功能提升、资源优化、环境保护、生态修复和可持续发展等方向转变。我国小型水库工程普遍存在管理基础薄弱，管理单位分散，管理制度不健全等问题，管理单位对突发事件的响应能力仍显示不足。为了完善小型水库管理制度，应制定相应的通用管理制度，时刻关注小型水库通用管理，保障水库运行，小型水库通用管理制度分项内容见表2-2。

表2-1　　　　　　　　　　小型水库安全管理制度分项内容

序号	分项管理制度	序号	分项管理制度
1	安全教育制度	16	安全用船管理制度
2	安全检查制度	17	维修养护管理制度
3	安全行车规定	18	保洁（除草）管理制度
4	购置管理制度	19	机械设备管理制度
5	安装验收制度	20	班前安全活动制度
6	使用管理制度	21	电动工具安全操作规程
7	操作管理规定	22	高空作业安全管理制度
8	保养管理制度	23	巡查人员安全管理制度
9	使用安全制度	24	安全行车标准（"六无"）
10	消防安全制度	25	危险源控制管理制度
11	用电安全管理制度	26	水上作业安全管理制度
12	安全行车管理制度	27	运维中心办公室消防安全制度
13	办公室安全管理制度	28	施工现场动火审批制度
14	安全事件报告制度	29	近水面作业安全管理制度
15	安全行车奖惩		

表2-2　　　　　　　　　　小型水库通用管理制度分项内容

序号	分项管理制度	序号	分项管理制度
1	日常工作制度	12	工具装备管理制度
2	考勤管理办法	13	防汛物资管理制度
3	餐饮管理制度	14	车辆管理制度
4	隐患上报制度	15	水库防汛抗旱工作制度
5	事件上报制度	16	记录、报告及归档制度
6	奖惩管理制度	17	办公室卫生管理制度
7	培训管理制度	18	办公用品管理制度
8	档案管理制度	19	巡查保洁人员岗位职责
9	钥匙管理制度	20	界碑界桩管理制度
10	库房管理制度	21	水库驻场管理制度
11	对讲机管理制度		

（3）标准化管理服务规范。标准化管理，就是指以统一协调的技术准则建立起标准化的工作体系，对工作方法、工作流程和工作条件加以规定，并以严格的考核评价确保工作结果的一致性。受传统的水库管理模式影响，我国小型水库因其数量多、问题突出，管理水平参差不齐，大多小型水库存在较大安全隐患。采用标准化的服务规范操作模式，以科学的要求来约束管理行为，实施小型水库标准化操作管理，是提升我国小型水库安全运行管理水平的办法之一。小型水库标准化管理服务规范分项内容见表2-3。

表2-3　　　　　　　　　小型水库标准化管理服务规范分项内容

序号	分项管理内容	序号	分项管理内容
1	剪草机安全操作规程	10	水位观测规范
2	启闭机操作规范	11	降水量观测规范
3	维修保养规范	12	大坝变形监测规范
4	维护保养制度	13	水样采集规范
5	监测设施维修养护	14	监测设备布设规范
6	水库管理系统软件	15	白蚁监测与防治规范
7	混凝土坝巡视检查规范	16	水库调度规程
8	闸门与启闭设施巡视检查	17	应急管理制度
9	日常保洁规范		

2.4　结语

由于小型水库存在工程安全隐患较多，基础设施相对薄弱，缺乏稳定的管养经费等问题，虽然多省已经开始实行水利工程的标准化管理，但大多小型水库的标准化、现代化、数字化管理的配套技术改观甚微，小型水库标准化管理亟待更进一步加强。推行小型水库因地制宜的标准化管理是小型水库安全管理的首要目的，将有效解决小型水库运行管理中存在的问题，为常态化推进小型水库标准化管理提供依据和保障。

小型水库"科技+服务"管理模式研究

3.1 小型水库管理模式研究

3.1.1 我国小型水库运行管理模式研究现状

小型水库是农业农村生产生活的重要基础设施,加强小型水库安全运行管理是全面建成小康社会的重要保障。加强小型水库运行管理,保障小型水库运行安全,具有重要的现实意义。

然而,目前在日常运行管理中由于运行管理制度落实不到位、安全监测设施不完备、大坝病害隐患的存在、信息化水平低等问题,导致小型水库运行管理不规范、水库功能萎缩、效益衰减、安全隐患突出。针对此问题,肖仕燕等(2021)指出在小型水库安全运行管理中应做好小型水库大坝安全鉴定工作、建立健全水库大坝安全监测系统、加强水库大坝运行管理信息化建设、推进小型水库物业化管理、科学发展水库生态养鱼。针对当前我国小型水库管理中普遍存在的重建轻管、管理制度不健全、管理模式和手段落后等问题,范连志等(2011)有针对性地研究提出了加强小型水库安全管理、加强小型水库管理队伍能力建设、加强小型水库调度应用和应急管理工作、巩固水管体制改革成果等对策。方卫华等(2020)给出了改进小型水库安全管理的典型流程及其每个环节的方法、主要内容和细节。针对我国小型水库数量众多,受资金、人员、技术所限开展安全监管工作难度大、安全风险高的问题,金有杰等(2020)探讨并提出了小型水库安全"单一水库—区域/流域库群—科研院所托管"的分级监管模式。

为提高小型水库群的管理水平,金袭等(2020)以浙江省温岭市为例,研发了小型水库群移动智慧管理系统,为提高小型水库管理水平和决策提供科学依据。小型水库主要由最基层的乡镇和村组负责日常安全管理,专业技术人员缺位,维修养护不到位。张克阳(2018)指出现有的粗放式管理已经不能适应当前的小型水库现状，建议通过管理模式的转变，以制度建设体系化、管理人员职业化、养护维修专业化来解决当前问题，确保小型水库安全良性运行，发挥最大的工程效益。张龙（2020）对新疆小型水库运行管理状况全面调查的基础上，针对性地提出了现阶段的主要对策建议，对于规范小型水库运行、提高水库运行管理能力，具有一定的借鉴、指导和参考作用。小型水库普遍建设标准低、工程质量差、老化失修严重，加上防汛设施差、管理水平低、安全隐患较多。杨正华等（2007）建议针对小型水库工程问题和管理状况，提高认识、加强监管，特别是应以地方政府为主导，加快除险加固步伐、全面推进达标治理，同时积极推进小型水库管理体制改革，完善小型水库管理机制。为有效解决小型水库标准化管理中存在的体制机制不顺、管理粗放、经费不足等突出问题，黎凤赓等（2019）提出明确管护责任、落实管护资金、健全管护制度、加强管护培训、推行专业化管护、加强考核评价等小型水库标准化管理对策措施，为水库长效安全运行，效益持续发挥提供借鉴。

为提高相关管理人员对小型水库管理要求的接受程度，针对小型水库基层管理技术力量相对薄弱的现状，方卫华等（2020）总结出小型水库"六字"管理法，供运行管理单位相关管理人员参考。陶文富（2020）总结小型水库安全监测设施现状和在管理中存在的主要问题，综合前沿安全监测系统的优点，结合信息化、可视化、预警等多种技术，提出一套适合小型水利工程运行管理的服务模式。小型水库是我国水库管理薄弱环节，其风险管理正在成为基层水库管理者的重要责任。傅惠寰等（2011）结合基层水库管理经验，从水资源管理、水质管理和溃坝风险管理3个方面，探讨了减少小型水库风险和若干安全管理措施。盛金保（2008）认为我国小型水库数量多、建设标准低、基础资料少、病险问题突出、安全风险大、管理条件差、管理水平低，降等与报废工作进展缓慢，除险加固任重道远，安全管理责任重大。针对安全问题，邢广彦等（2007）提出明确管理主体，落实管理经费，加强业务培训，提高管理水平，积极推进水库降等运行与报废等管理对策。

为了保证水库的安全运行并充分发挥其社会经济效益，需要加强水库的管理工作。谭政（2011）在分析我国水库管理现状的基础上，从水库管理体制改革，病险水库除险加固，明确水库管理范围与职责，建立健全水库管理体制等方面提出了完善我国水库管理的建议。吕金宝等（2008）通过对小型水库管理现状及成因的全面分析，提出了加强宣传、完善政策法规及制度建设、积极推进公共参与等宏观对策措施。

小型水库涉及公共安全和公共利益，要保障人民群众的生命财产安全，必须确保其安全运行。小型水库管理体制改革涉及水资源的可持续利用，涉及广大人民群众的生命财产安全，涉及经济社会可持续发展。应提高小型水库管理运行效益，建立适应市场经济要求的运行机制和管理体制，使小型水库充分发挥其社会效益，保障水资源可持续利用。并且通过推动改革，进行资源整合，降低管理成本，提高管理水平，实现精简效能，以适应大力推进水利工程管理现代化建设需要（曹方晶，2015）。

3.1.2 小型水库运行管理模式探究与建议

小型水库运行管理模式的研究与应用应坚持以下四项原则。

一是坚持小型水库公益属性原则。小型水库受益主体大多具有普遍性和公共性原则，不具有竞争性和排他性，公益性显著，具有典型的公共产品属性，而且事关乡村人民群众的生命财产安全。在研究小型水库运行管理模式要突出公益性定位，明确政府在小型水库运行管理中的主导作用（戴向前 等，2020）。

二是坚持政府市场两手发力原则。充分发挥政府和市场的合力机制，是提高小型水库安全运行能力的重要保障。既要发挥政府主导作用，强化政府责任，同时也要适应市场经济发展规律，充分发挥市场能动性，制定灵活的市场参与和政府购买服务的管理办法，吸引社会团体参与小型水库运行管理，形成政府与市场有机统一、相互补充、相互协调、相互促进的格局（戴向前 等，2020）。

三是坚持因地制宜分类施策原则。小型水库运行管理模式应根据各地区的经济社会发展水平、历史文化和不同类型工程特点，科学制定养护标准和规范，合理选择管护模式，有序推进管护体制改革（戴向前 等，2020）。

四是坚持科技创新和数字赋能。丰富小型水库运行管理手段，提升管理效率，解决小型水库运行管理的"最后一公里"问题。不论是工程建设还是管理模式改革，最终目的是实现小型水库安全运行长治有效，要实现这一目标，必须依靠科技创新和数字赋能，才能实现点多面广的小型水库由分散式管理向集约式管理、单一管理向多元化管理、传统人工管理向现代智慧管理转变。

全国小型水库管护模式经多年的改革创新探索，逐步形成了多种可复制可推广的管护模式，通过研究第一批深化小型水库管理体制改革各样板县（市、区）改革经验，地方各级政府对小型水库运行管理日益重视，管理水平在逐步提高，管理现状也在逐步好转。为了更好地做好小型水库管理工作，对小型水库管理模式提以下几点建议。

（1）明晰工程产权和管护范围。小型水库工程产权明晰是小型水库体制改革关键点，水库主管部门在广泛调研和咨询的基础上，充分考虑小型水库工程管理现状，重点结合工程投资构成、运行状况、权限隶属关系等多个方面，依据小型水库功能属性和"行政首长安全责任制"规定，明确和落实小型水库产权。同时明确小型水库管护范围，对小型水库进行确权划界。

（2）落实工程管护主体与安全责任。在界定小型水库工程产权的基础上，明确小型水库安全管理三级责任人：行政责任人、技术责任人和巡查责任人，并制定责任人相应管理办法，防止出现职责不清、责任不明、问责不清，确保水利工程管护主体和责任落地生效。

（3）探索多元化小型水库管理模式。应针对小型水库的类型与特点，因地制宜采取专业化和集约化等多种管护模式，形成多元化管理格局。大多数小型水库基本没有收益或收益较少，又承担了重要的防洪、灌溉任务，是涉及公共安全的公益性水利工程。依据当前样板县管护模式，主要管护模式有：

1）组建片区管理机构管护模式。经济状况好，基层水利工作人员比较富足的地方，可将乡镇、村管理的小型水库收归县（市、区）统一管理。由县级主管部门组建小型水库管理机构，对小型水库实行集约化管理，并制定管理机构经费管理制度、人员聘用管理制度、小型水库标准化管理制度。

2）大中型水利工程单一化管理模式（以大化小）。以县（市、区）为单位，将单元内的所有小型水库委托给相邻或相近的大中小型水利工程管理单位管理。地方政府同代管单位签订委托管理协议，包括财政补贴、管理内容、考核机制等，管理单位应制定小型水库标准化管理制度，完成地方人民政府委托的多项内容，地方政府应协助管理单位申请中央和上级单位的小型水库财政预算支持，并对管理单位的管理过程进行监管以及管理绩效进行考评。

3）政府向社会大众购买服务模式。小型水库地区县（市、区）政府或水利主管部门将片区内所有小型水库捆绑集中打包，通过社会公开招标，选择资质好、条件好、有实力的企事业单位承担小型水库的雨水情检测、工程安全监测、工程维修养护、保持、巡查等管护工作，并根据合同内容支付费用。承担单位应制定小型水库标准化管理制度和规范手册，政府机构应有专门的部门或人员对承担单位进行监管和考核。

（4）通过政府购买服务实施专业化、规模化管理。各地应根据自身实际，因地制宜，创新小型水库运行管理新模式。针对小型水库点多面广、管护难度大的特点，应按照所有权、管理权和经营权适度分离的原则，通过分散运作、政府购买服务的方式，将水库运行管护项目进行社会招标，由具有相关资质的中标单位定期进行高标准维修养护，实行物业化养护、专业化"问诊式"服务，切实提升管理水平。专业化"问诊式"方式服务通过与高校、科研院所合作，建立政产学研用深度合作模式，政府通过购买咨询服务模式，邀请专业团队为小型水库雨水情、防汛抗旱、工程安全、水资源利用、白蚁防治等专业问题提供咨询服务，提升小型水库管理的专业水平，确实保障小型水库的安全运作。

（5）多措并举，建立小型水库管养经费多元化保障机制。首先加大中央财政对小型水库管养投入，并将小型水库管护费用纳入中央财政水利发展约束性任务，做好经费使用的监管和绩效评价，并将监管和绩效评价作为地方政府考核和下一年度中央补助资金分配的重要指标。其次应进一步明确，省市县级财政资金用于小型水库管护资金投入，并纳入地方政府财政预算，全力保障小型水库安全运行。同时要鼓励和引导社会资产、民间资产投入小型水库运营，规范政府和社会、民间资产合作模式，拓宽经费筹集渠道。针对水库不同功能，允许小型水库以承包、拍卖、租赁、服务合作和委托管理等各种形式进行产权流转。最后应制定小型水库管护项目定额标准，核定小型水库管理经费，因地制宜，根据地方经济状况和水库管护任务，落实每项工程管护经费的来源、投入和使用去向，加强过程监控和绩效评定。

（6）强化监管，建立运行管理绩效考核机制。在积极开展推进社会力量参与小型水库管理工作中，既要鼓励、引导、宣传，同时也要加强监管和考核制度的建立健全，尤其是利润率极高的水库，更要强化监管力度。一是要引入信息化技术手段，对管理维护全过程监管，提供开放的社会评价系统，引导群众运用微信、App和社会评价网络媒体对小型水库运行进行监督。二是实行考核验收制度，并将考核结果作为管护资金发放的重要依据；考核应采取日常检查与年度考核相结合的方式，日常检查可以争取定期与不定期检查相结合的方式。主管部门应建立考核标准，明确责任主体。同时对考核结果进行绩效评定，制定绩效奖励办法。三是建立管护评价机制，尤其是社会力量承担的养护工作；承担单位应实施年度自评，合同期自评，主管部门将考核意见和自评内容聘请第三方或专家团队对承担单位的管护工作进行全面评估，评估内容包括管护项目内容、效果和经费使用等方面，评估结果应向社会公开，作为今后购买服务的重要参考依据。

（7）加强科技引领和数字赋能，提高小型水库信息化管理水平。要实现小型水库由分散式管理向集约式管理转变，必须依靠互联网、大数据和移动智联等信息化技术手段，真正解决小型水库安全运行管理的"最后一公里"问题。利用大数据技术，实现小型水库相关数据汇集，挖掘数据价值，将数据赋能于管理，形成有价值的数据资产。基于"云大物联智"技术，将小型水库的标准化管理内容与信息化技术手段深度融合，全方位提高小型水库雨水情监测、工程安全监测、洪水预报调度、应急调度与预案、水库巡检管护、水库管理考核评价、运行资料整编归档等工作的信息化管理水平。

3.2 基于"互联网＋"的小型水库科技创新服务模式

3.2.1 "互联网＋"科技创新服务模式时代背景

《国民经济和社会发展第十三个五年规划纲要》指出了创新是引领发展的第一动力，实施创新驱动发展战略，必须紧紧抓住科技创新这个核心，同时指出当前最紧迫的是要破除体制机制障碍，最大限度解放和激发科技作为第一生产力所蕴藏的巨大潜能。2015 年的全国两会上，李克强总理在政府工作报告中首次将"互联网＋"行动计划提升为国家战略，"互联网＋"成为新常态下的经济增长新引擎。2015 年 7 月，国务院印发的《关于积极推进"互联网＋"行动的指导意见》指出"互联网＋"是将互联网的创新成果与经济社会各领域相融合，促进技术、效率提升，推动组织变革，全面提升实体经济的创新力、生产力，并形成更广泛的以互联网为基础设施和创新要素的经济社会发展新形态。2018 年水利部印发了《加快推进新时代水利现代化的指导意见》，明确提出提升水利管理现代化水平，大力推进水利科技创新和全方位推进智慧水利建设。党的十九届五中全会作出了一系列重要部署，为我们提升水资源优化配置和水旱灾害防御能力，提高水资源集约安全利用水平指明了主攻方向、战略目标和重点任务。2021 年水利部提出水利工作要坚持科技引领和数字赋能，提高水资源智慧管理水平，充分运用信息技术，加强监测体系建设，通过智慧化模拟进行水资源管理与调配预演，为推进水资源集约安全利用提供智慧化决策支持。同时提出加快国家智能水网建设，优化水资源配置战略格局，实施小型农村供水工程标准化建设改造，畅通供水网络的"毛细血管"。小型水库是国家水网体系的重要节点，是国家水利工程体系的重要组成部分，也是国家全面推进水利现代化建设的薄弱环节和短板所在。当前的条件下，针对小型水库安全运行与管理面临的困境，传统的水利工程管理模式和方法是无法解决小型水库安全运行与管理存在的问题，科技创新是小型水库安全运行与管理困境破冰的必经之路。

"互联网＋"和大数据是当今社会新一代信息技术和服务业态，正在高速融合水利科技创新发展的各个领域，是实现水利现代化和智慧水利建设目标的重要抓手，具有广阔前景和无限潜力。将"互联网＋"和大数据技术应用到小型水库水利科技创新管理领域中，将为破除小型水库安全运行与管理困境提供有益的途径。

3.2.2 小型水库"水库管家"的内涵与特征

针对小型水库安全运行管理现状，尤其是小型水库点多面广，传统的管理方法已难以保证小型水库的有效管理和安全运行，积极探索了将"互联网＋"和大数据技术融合到小型水库安全运行标准化管理的各个环节，提出了一种与互联网和大数据时代相适应的水库管理科技创新服务体系的新构想：水库管家。水库管家是以满足社会化和专业化的多种小型水库管理创新模式需求为导向，以互联网和大数据技术为手段，以构建小型水库标准化管理科技创新服务体系为核心，以提供全方位的安全运行科技创新服务为目标，以"互联、集约、标准、应用"为特征的高效科技创新服务体系。基于"互联网＋"的水库管家是新一代信息技术支撑下水库管理"科技＋服务"模式，有着鲜明的"互联网＋"信息时代特征。

（1）高度互联。水库管家创新服务体系将小型水库安全运行管理的管理模式、水雨情监测、气象水文预报、水库调度、检查观测、维修养护、应急抢险和库区管理等各个环节所涉及的部门、人员、活动以不同的紧密度互联在同一个平台，以互联网云平台为核心，实现跨界融合、业务融合、开放互联，为小型水库安全运行管理提供全方位的服务。水库管家以"互联网＋"为平台，主要依托基于移动互联网的智能移动终端、气象水文预报与应急管理协同作业平台、自动监测与传输、维修养护社会物业化服务等多形式创新服务载体，实现了在线化高效互联服务。

（2）集约化服务。在互联网、云计算、大数据等技术的支撑下，服务资源将趋向于集约化管理，围绕小型水库安全运行管理的信息资源依托一体化的互联网平台及移动互联网的线上线下的互联互通，可实现点多面广且分散的小型水库信息资源的采集、解析、集成与应用管理，形成小型水库"互联网＋"的集约化创新管理与服务应用，节约了管理成本，提高管理效率，提升管理水平。

（3）标准化服务。在"互联网＋"的新型服务模式下，以协同作业为基础的

"一站式"服务将成为发展的主流，信息技术资源与小型水库标准化管理服务的集成需要更多地强调服务流程的标准化，基于移动互联网服务平台的各类服务资源对接、匹配和共享都需要以小型水库管理服务流程的标准化为前提。

（4）成果应用导向。"水库管家"平台研究将以科技成果转化应用为导向，既要体现科技创新，更要重视成果转化应用，真正转化为生产力。针对现有体系下，一些科技成果不能有效地转化为生产力的问题，"水库管家"科技服务体系基于"互联网＋"的创新思维，将信息技术资源与小型水库标准化管理服务无缝集成，强调服务的标准、灵活、便捷与实用，以此来驱动创新成果真正为推进小型水库安全运行管理提质增效升级服务。

（5）集成创新。针对小型水库已有监测技术和产品，集成应用现有的技术，在此基础上，自主探索研发适用于小型水库雨水情监测和大坝安全监测的技术和产品。

随着"互联网＋"和信息网络技术的不断发展，水利科技创新迫切需要与互联网深度融合以有效推动创新和技术变革，这也是水利科技在新常态下的发展趋势。"水库管家"借助物联网、大数据、云计算等互联网新技术，推动政府、高校和科研院所、互联网企业等创新推进机构和其他服务机构跨界融合，通过政府购买服务、资金支持、数据共享、行业监督等方式，为小型水库安全运行管理提供"全方位"社会化与专业化服务。

3.2.3 "水库管家"科技创新服务模式的机遇与挑战

（1）水库管家创新服务模式将加强和弥补防洪工程体系的薄弱环节和短板所在，也将有力地促进水利现代化的建设。水利部明确提出要提升水利管理现代化水平，大力推进水利科技创新和智慧水利建设。水库管家创新服务模式有利于加快基于互联网的研发设计、知识产权、科技咨询等水利科技创新服务向"智慧水利"发展，培育网络化的小型水库管理服务新模式，发展具有高技术含量和高附加值的小型水库安全运行管理科技服务平台。

（2）从全国小型水库数量与分布来看，水库管家创新服务模式具有极大的潜力和市场空间，"互联网＋"、水利现代化、乡村振兴战略的提出，由此形成庞大的小型水利工程服务市场规模，为水库管家创新服务模式发展提供了强大的市场驱动力，如小型水库大坝白蚁治理，可通过"水库管家"提供专家远程诊断、知识与案例共享，解决地方小型水库管理专业人才缺乏的问题。同时全国水利信息网络基础设施已具备一定规模和水平，为水库管家创新服务模式发展奠定了良好基础。

（3）水库管家创新服务模式将互联网信息技术、小型水库标准化管理、水利科技相融合，可以打破地域条件限制，有利于推动小型水库管理集约化、标准化管理服务、社会化物业服务体系的建立。互联网技术体系的特点在于应用性、系统性和集成性，将其与小型水库标准化管理、水利科技融合，使小型水库有可能通过面向应用的模式创新带动技术的系统集成创新，摆脱只是简单搭建平台的单一局面，实现小型水库安全运行管理技术体系的整体跨越式发展。

3.3　面向标准化管理的多源异构信息融合技术

小型水库安全运行标准化管理涉及水雨情监测、气象水文预报、水库调度、检查观测、维修养护、应急抢险和库区管理等各个环节，面临着处理多源异构的数据。要实现基于"互联网＋"的小型水库"水库管家"科技创新服务模式，其中一个主要核心问题就是要解决标准化管理中多源异构的水利业务数据融合问题，如气象、实时水雨情、实时工情、灾情、巡检及社会公众提供的各种不同类型数据。这些多源异构数据，给小型水库安全运行的标准化管理带来了巨大挑战。多源异构数据融合本质是对小型水库运行管理中多源异构数据进行信息分析处理上进行融合集成，从而加快数据的处理速度和分析精度，提升水库安全运行管理水平，提高管理效率。针对小型水库标准化管理特点，本书探讨和研究了基于大数据平台的多源异构信息融合技术，具体内容包括多源异构大数据的存储模型、信息融合算法、信息融合体系结构。

3.3.1　小型水库多源异构大数据的存储模型

水利行业内大数据模型或标准至今仍未出现，选取了 Apache 开源软件基金会发布的 HDFS 和 HBase 存储小型水库多源异构大数据集，对各类海量数据集进行分析、归类和总结，实现小型水库多源异构大数据集存储。

小型水库多源异构大数据集是指更新十分频繁，且数据量为海量数据，包括结构化数据和非结构化数据两类。其中结构化数据主要包括目前存储于关系型数据库中的水文业务数据，如降水量表、河道水情表和水库水情表等，此类数据存储于 HBase 中；而非结构化数据是指其字段长度可变，且每个字段的记录又可由可重复或不可重复的子字段构成的数据，可处理的数据包括文本、图像、声音和视频等，非结构化水利大数据集主要包含各类报告、实景图片、实景音频视频等数据，此类数据可直接存储于 HDFS 中。HDFS

（Hadoop Distributed File System）是被设计成适合运行在通用硬件上的分布式文件系统，具有高容错性、适合大数据处理和可部署于低廉的分布式硬件系统之上等特点。HBase 是构建在 HDFS 上的分布式列存储非关系型数据库模型，具备存储结构化和半结构化数据的优势，支持随机读写超大规模数据集，具备高可靠性、高性能、列存储、可伸缩、实时读写的特性。

3.3.2　基于知识与人工智能的小型水库多源异构信息融合算法

小型水库多源异构信息融合是指利用计算机的计算能力对小型水库标准化管理涉及多源异构的数据在一定规则指导下进行的自动综合处理，以实现特定任务的全面的推理和评估的处理过程。通过研究，提出一种基于知识与人工智能的多源异构信息融合算法，整合小型水库多源异构信息，从而获取高质量的有用知识，为小型水库安全运行标准管理提供信息化框架服务。

知识融合是指将小型水库标准化管理知识与多源异构信息进行融合，通过对分布式数据和知识库等信息源的智能化处理，可以获取可用的新知识。知识融合中要通过人工智能算法对多个知识层信息进行融合，得到在某种意义上具有不同表达方式的新知识信息。这里我们建立小型水库标准化管理知识智能融合服务，如图 3-1 所示，通过对来自分布式信息源的多种信息进行转换、集成和合并等处理，产生新的集成化知识对象，同时可以对相关的信息和知识进行管理。知识智能融合服务主要利用人工智能神经网络强大的分类学习能力，是一个可通过学习给出一定分类能力的融合分类器。在小型水库安全运行标准化管理中，根据以前相似的水情、工情信息来预测下小型水库的安全现状。在这问题中，人工智能神经网络"细胞"状态可能包括当前水库的运行现状，从而确定未来可能发生的情势。基于人工智能的信息融合方法优势在于此类方法具有较强的学习能力和自适应能力，易于实现不受主观影响的信息融合过程。

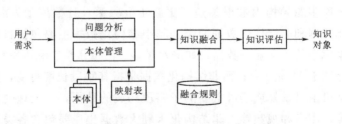

图 3-1　一种基于知识融合的体系架构

3.3.3 小型水库多源异构信息融合体系结构

面向标准化管理的小型水库多源异构信息融合能有效解决小型水库点多面广的问题，分散多源异构信息集成与融合，对多种感知设备与相关信息知识进行合并和挖掘、综合分析与推理抽象，从而得到更高质量的信息。根据以上研究内容构建面向标准化管理的小型水库多源异构大数据融合实现框架，如图3-2所示。该框架不仅适用于小型水库的标准化智慧化管理，同样也适用于智慧水利平台的其他细分领域。

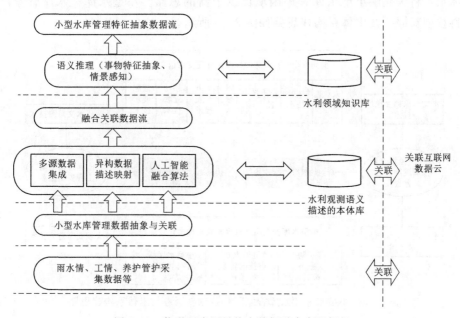

图3-2 物联网多源异构大数据融合实现框架

面向标准化管理的小型水库多源异构大数据融合分为四个阶段：数据采集、数据抽象、信息融合、特征抽象。首先，基于雨水情监测网、工程安全监测网以及其他传感器、监控系统和移动终端设备等采集小型水库管理的多源异构数据；其次，利用知识与人工智能信息融合模型，将关系型数据库中的各种原始数据映射成数据资源描述框架（Resource Description Framework，RDF）类型数据，即根据语义网络描述模型构建基于观测的本体描述模型，完成对原始数据的抽象与访问；最后，使用深度学习集成以资源形式表示的多源异构关联数据信息，从而能够完成进一步的多源异构数据融合。

3.4 "水库管家"科技创新服务技术体系

要实现小型水库安全运行管理三年行动方案目标，不仅需要在管理模式上创新，而且在管理方法技术手段上也需要创新。在互联网、大数据时代下，现有的小型水库管理模式与科技创新需求之间存在着大量的不相适应的环节，限制了科技作为第一生产力在水利管理科技创新所蕴藏的巨大潜能。以"互联、集约、标准、应用"为特征的"水库管家"小型水库管理科技创新服务体系，将为破解小型水库管理困境提供了新的思路。小型水库"水库管家"科技创新服务技术体系构建思路如图 3-3 所示。

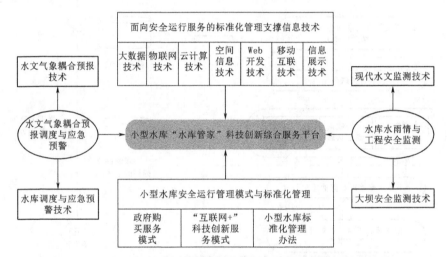

图 3-3　小型水库"水库管家"科技创新服务技术体系构建思路

以基于"互联网＋"的小型水库"水库管家"科技创新综合服务平台为核心的小型水库管理科技创新服务技术体系，为小型水库安全运行管理插上科技的翅膀。该创新服务技术体系是以满足社会化和专业化的多种小型水库管理创新模式需求为导向，应用大数据技术和互联网信息技术构建小型水库标准化管理科技创新体系，提供全方位的安全运行服务，集成创新雨水情和工程安全监测技术和设备，具有"互联、集约、标准、集成、应用"为特征的小型水库。

（1）探索和建立小型水库社会化和专业化创新管理模式和政府购买服务的策略，构建小型水库安全运行标准化管理办法；建立基于"互联网＋"的小型水库"水库管家"科技创新服务模式，研究和建立面向标准化管理的多源异构信息融合技术；提出可移植、可复制、可定制的小型水库综合管理科技创新服务技术体系。

（2）集成应用已有成熟的雨水情和大坝安全监测技术与产品，在此基础上，自主研发适用于小型水库的雨量自动观测，非接触水位流量监测和低耗能的大坝安全监测技术与设备，全面推进小型水库的信息基础设施建设。

（3）针对小型水库洪水预报预警能力弱，适用于小型水库径流模拟方法缺乏等问题，提出一种基于参数时刻变化规律的小型水库径流模拟方法。同时针对小型水库汇流面积小，雨洪时间短的特点，研究了气象降水预报成果的偏差校正技术，构建耦合气象预报的入库洪水预报技术，建立水旱灾害预警指标和应急检测预警技术。

（4）建设集大数据、云计算、物联网等多种技术的小型水库"水库管家"智慧云平台，研发面向小型水库安全运行标准化管理的"水库管家"智能移动 App。

4 小型水库雨水情监测技术与设备研制

4.1　小型水库雨水情监测现状与技术需求

目前国内水库水位监测设施状况，所有的大型水库均建有完善的雨水情监测设施，60%的中型水库建有雨水情监测设施，50%的小型水库没有雨水情监测设施，但能正常运行远低于50%的比例。"十四五"期间，水利部印发了《关于"十四五"小型水库雨水情监测和安全设施实施方案以及2021年实施计划的通知》。"十四五"期间将填补小型水库雨水情监测设施的空白。因此本研究适用于小型水库的雨水情监测技术及设备，具有重要意义和迫切需求。

相对大中型水库来说，小型水库的雨水情监测往往得不到社会的足够关注或重视，而小型水库因其数量众多，往往成为安全事故的易发点。从小型水库运行管理的现实需要来看，加强小型水库雨水情监测是提高其安全、有效运行的重要手段之一。小型水库上下游大多不具备开展水位、流量和泥沙等水文要素监测的基础设施，难以满足传统监测方法的基本要求，此外由于集雨面积相对较小，小型水库对各种雨强监测的灵敏度和精度要求更高。因此，采用目前水文行业传统的水文测站驻测方式进行小型水库雨水情监测既不经济，也不可行，必须在监测的思路、技术与相关设备上进行系统的创新。本书既采用了现在行之有效的和已能利用的水雨情自动监测设备，也自行研制了一批水雨情装置在此基础上，针对小型水库的特点，自主研发适用于小型水库的新型雨量水位流速监测技术与设备。在保证监测精度的前提下，利用新的信息技术，实现自动监测，降低监测和运维成本。在现场适合的条件下，推出了分布式测验设施，对"水库管家"体系中必要且可能采取的巡测也作出了要求。在监测的思路上，变驻测为自动监测和巡测，从有人驻守的方式改变为"巡测优先、测报自动"的方式，各监测站点无需人员值守，构建了覆盖辖区内监测站网完整、系统的水文巡测方案，并在固定断面监测的基础上新增机动灵活的应急监测，使得监测方案更加科学合理与系统完备；在监测技术上，研创了基于复杂水位流量关系单一化处理的流量巡测新技术和非接触式的水位流速监测技术；在监测设备上，研发了适合于小型水库实时雨水情监测的新型蒸发雨量计、分布式水文智能测控系统等，实现了小型水库的雨水情监测信息的更广覆盖、自动测报和及时传输，在"水库管家"中与用户实现实时共享。

4.2　新型降水蒸发观测仪器及降水插值计算方法研究

4.2.1　一种新型的雨量蒸发观测仪器

常用的雨量测量传感器实用中要么测量误差很大，要么结构复杂不宜推广使用，具体问题有：①分辨力为 0.1mm 的雨量计，在理论上满足测量要求，但是测量误差随降雨强度变化而变化，降雨强度较大的时候，累计测量误差会很大，导致不能满足测量要求；②虹吸式雨量计，用于雨量自动测量，还需要加装液位传感器，结构比较复杂，特别是发生虹吸的时候，往往也是降雨强度较大的时候。由于虹吸雨量计忽略了虹吸时段的降雨量，虹吸时间过长和虹吸次数过多，往往产生较大的测量误差；③容栅式雨量计测量精度可以满足要求，但是结构复杂，功耗大，不利于推广；④目前雨量计一般只能实现单一雨量观测，无法实现对雨量和蒸发的同时观测。

针对雨量测量传感器应用中存在的问题，研制了一款新型的雨量蒸发一体自动观测仪器，特别适合小流域和小型水库的雨量观测。这款仪器命名为双筒互补型全自动降水蒸发观测仪器，仪器包括承雨口、雨量筒及蒸发器，承雨口下端与雨量筒连通，在雨量筒的下端设置有第一电动排水阀，同时在雨量筒内设置有第一传感器；蒸发器的底部设置有第二电动排水阀，蒸发器与蒸发测量筒通过水管连通，在蒸发测量筒内设置有第二传感器，蒸发器通过管道还连接有补水泵。第一电动排水阀、第一传感器、第二电动排水阀、第二传感器以及补水泵均通过导线连接到采集控制器。整体结构如图 4-1 所示，雨量筒排水时，系统通过巧妙设计，利用安装在蒸发测量筒内的传感器计量排水时段内的降水量，彻底地解决了排水期间降水量少计量的问题，减小了测量误差；测量精度不受降雨强度的影响，实用范围宽泛。

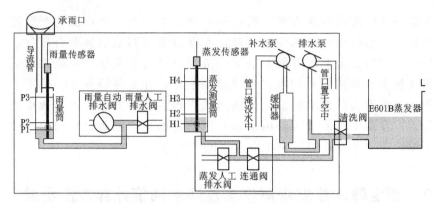

图 4-1 双筒互补型全自动降水蒸发观测仪器整体结构图

雨量筒和蒸发测量筒为内径相同的透明亚克力管，在雨量筒和蒸发测量筒的底部分别开设有用于使第一传感器和第二传感器垂直的第一定位孔和第二定位孔。雨量筒上开口与承雨口的导管连接，其他位置密闭。第一传感器和第二传感器感应部件的感应浮球的吃水线处于球体的正中部。蒸发器与补水泵连通的一侧在侧壁上端开有方便管道连接的补水口，补水口高度在蒸发器最高允许液位以上避免停止补水时回流。蒸发器和蒸发测量筒相对的侧壁的下端相同高度处开设有方便连通管连接的连通口，连通管为水平设置的直管，连通管的长度为 3~5m，内径为 12~16mm。

4.2.2 基于互联网推荐系统的降雨插值计算方法

互联网推荐系统将用户对商品的偏好程度看作用户-商品评分矩阵，利用已知用户对商品的评分来预测用户在商品选择中的偏好并进行推荐，被广泛应用于电商、社交网络等领域。空间上不同点的时序降水可以看作是一个内在关联矩阵，其中行代表时间维度，列代表空间维度，降雨量未知点为空值，利用推荐系统学习降雨数据矩阵在时间、空间特征上的关联关系，可对矩阵中的空值进行预测，得到更为精准的雨量估算值，对小型水库防洪预警、抗洪抢险等自然气象灾害事件的应急管理具有重要作用。基于互联网推荐系统的降雨插值计算方法流程如图 4-2 所示，主要包括四个计算步骤。

（1）对于 j 时刻在流域上的某点 I，可以确定一个由 m 个站点和 n 个时刻组成的降水数据矩阵。所涉及的 m 个站点由空间均匀度 L 选出，计算公式为

$$L = \frac{4a}{\pi A} \tag{4-1}$$

式中：A 为涵盖所有站点的矩形网格的面积；a 为独占圆面积的总和。

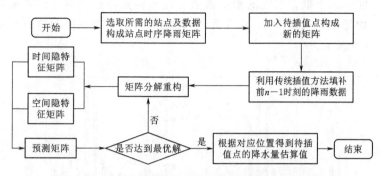

图 4-2 基于互联网推荐系统的降雨插值计算方法流程

考虑到矩阵分解的效率和精度，时刻数 n 的取值如下：

$$n = \begin{cases} j - t_0 + 1, & j - t_0 < N \\ N + 1, & j - t_0 \geqslant N \end{cases} \quad (4-2)$$

式中：t_0 为降水事件的开始时刻；N 为前期影响时刻阈值。

（2）增加一行代表流域上一点 I，得到一个新矩阵。矩阵第 $m+1$ 行前 $n-1$ 个值为已知 j 时刻前的降水，由传统插值方法计算得到。第 n 个值为空，代表待插值点。

（3）利用 Funk-SVD 模型将矩阵 $\boldsymbol{R}$ 分解成时间特征矩阵 $\boldsymbol{X}$ 和空间特征矩阵 $\boldsymbol{Y}$，将正则化方法引入目标函数，并使用随机梯度下降算法进行优化：

$$\min : S = \sum_{i=1}^{m+1} \sum_{j=1}^{n} \boldsymbol{E}^2_{ij} + \lambda \sum_{i=1}^{m+1} \sum_{u=1}^{q} |\boldsymbol{X}_{iu}|^2 + \lambda \sum_{j=1}^{n} \sum_{u=1}^{q} |\boldsymbol{Y}_{uj}|^2 \quad (4-3)$$

式中：$\boldsymbol{E}^2_{ij} = (\boldsymbol{R}_{ij} - \boldsymbol{R}'_{ij})^2 = (\boldsymbol{R}_{ij} - \sum_{u=1}^{q} \boldsymbol{X}_{iu} \boldsymbol{Y}_{uj})^2$；$S$ 为目标函数；λ 为控制正则化程度的超参数。

（4）将优化得到的时空特征矩阵相乘，得到重构矩阵 $\boldsymbol{R}'$。原始矩阵和重构矩阵为对应的关系，重构矩阵 $\boldsymbol{R}'$ 第 $m+1$ 行第 n 列的值即为点 I 在 j 时刻的降水量。

以福建省建溪流域内两个小（1）型水库（连墩电站水库和龙门电站水库）为例，使用提出的插值方法对降雨进行估算。建溪流域面积为 14787km²，包含 15 个雨量站，将流域划分为 0.1°×0.1° 的格网，取出每个网格的中心点作为插值格点。

连墩电站水库和龙门电站水库坝址以上控制流域面积分别为 148km² 和 93km²，连墩电站水库控制面积包含了两个格点，龙门电站水库则包含了一个格点。使用基于推荐系统的雨量插值方法对格点进行插值，格点取均值即为水库平均降雨。选取 2020 年 5 月 30 日和 7 月 9 日两场降雨进行展示，结果如图 4-3 所示。

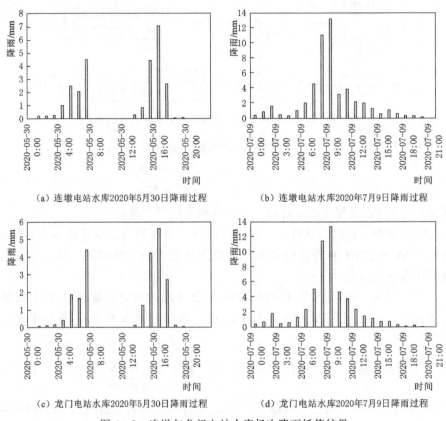

（a）连墩电站水库2020年5月30日降雨过程　　　（b）连墩电站水库2020年7月9日降雨过程

（c）龙门电站水库2020年5月30日降雨过程　　　（d）龙门电站水库2020年7月9日降雨过程

图 4-3　连墩与龙门电站水库场次降雨插值结果

4.3　水文巡测与智能测控系统研究

4.3.1　水文巡测组织与实施

　　水文测站驻守测验基础设施投入巨大，人员要求较高且运行成本高昂，相对来说，水文巡测则优势明显，基础设施投入不大甚至无需新建基础设施，人员集中易于管理且可以体现以人为本，是现代水文监测优先发展的方向，更是体现小型水库水文测验的鲜明特色。水文巡测的体系构成及其实现包括巡测技术路线的确立、巡测技术基础的奠定、测验方式的选择、巡测方案的制订等组成部分。

4.3.1.1　巡测优先的技术路线

提出水文巡测理念之初的 20 世纪 70—80 年代，阻碍水文巡测发展的主要因素是经济落后条件下薄弱的交通、通信基础。通过几十年的飞速发展，中国的交通、通信条件已经媲美欧美。

在目前政策、经费、交通、组织、人员等条件已经十分完备的情境之下，要实现巡测优先，首先需要解决的就是测次要求过多的问题，其途径和技术路线可分为两大类别：一是方法创新，通过各种理论方法的研究和创新，使水位流量关系稳定单一、泥沙变化规律可循，从而大幅减少人员到监测站点施测的次数，从根本上破除巡测的障碍；二是手段变革，通过各种先进仪器设备的应用，实现在线连续流量泥沙测验，直接掌握流量泥沙连续变化过程，在应用上弥补测验条件的不足。方法创新（以水位流量关系单值化和泥沙异步测验等为重要代表）作为更为基础性、更具创新性的技术基础，成为水文巡测的最关键因素，也是水文巡测的灵魂和精髓。

4.3.1.2　测验方式的选择

通过对历史或实测资料的分析，充分论证各站或观测点的水文特性，掌握水位流量关系变化规律，根据《水文巡测规范》规定，提出各观测点的测验方式方法，为建立巡测方案提供依据。

1. 测验方式分类

测验方式主要有驻测、巡测、驻巡结合。

（1）驻测：在需要的情况下，水文专业人员驻站进行水文测报作业，需进行日常观测作业的测验方式。

（2）巡测：水文专业人员以巡回流动的方式定期或不定期地对一个小型水库各观测点的水位、雨量、流量等水文要素进行观测作业和仪器设备检查维护，无需进行日常观测作业的测验方式。

（3）驻巡结合：驻测和巡测两者皆有的巡测方式。

2. 确立测验方式的基本原则

（1）满足需求原则。应根据各观测点设立目的、功能和社会需求，合理确定测验精度类别，选择合适的测验方式，测次分布和测验精度应能满足要求。

（2）巡测优先原则。应广泛应用测报新技术，努力实现测报自动化，尽量减少测站或观测点驻测人员，大力减轻测验劳动强度，提高测验工作效率。

（3）统筹兼顾原则。某一测验项目达不到巡测要求或小型水库管理需要驻测时，应统筹兼顾降水量、水位、蒸发、泥沙等测验项目，按驻测方式进行日常观测和检查，以确保设备运行正常，保证测验质量。

3．测验方式与测验精度

（1）小型水库上下游有国家基本水文站的，应按《水文巡测规范》规定执行。其他观测点可根据设站目的，由主管单位确定巡测条件与要求，参照《水文巡测规范》的有关精度指标分析确定巡测或间测，其巡测方案部署，可参照国家基本水文站的巡测方案执行，其测验精度控制指标可在国家基本水文站基础上降一类精度（泥沙站降一类）采用，并宜按以下规定执行，或由其主管单位根据需求自定。

1）水位流量关系单一线法（或多条单一线）定线系统误差的绝对值可在三类精度的国家基本水文站基础上放宽 1%，但系统误差的绝对值不宜大于 4%。

2）单断沙关系、流量输沙率关系或其他关系法定线系统误差的绝对值不宜大于 4%。

3）流量观测降至三类精度以下者，其他允许误差指标的绝对值在三类精度的国家基本水文站基础上增大不宜超过 4%。

4）泥沙观测降至三类以下者，其他允许误差指标的绝对值在三类国家基本站基础上增大不宜超过 4%。

5）开展巡测应综合考虑技术、管理、经济等因素，并结合单位自身实际情况实施。

（2）水位、雨量观测点的测验方式。各水位、雨量、蒸发项目均实现自动测报且实行巡测。

4.3.2 分布式水文智能测控系统

巡测是为了便于水文的生产生活，其最终目的是为了能够进行水文要素的实时监测。目前，水文缆道测控系统普遍已实现了全自动、半自动、手动的兼容操作，而与分布在各个测点的缆道控制设备进行通信，使远程测量及控制为目的的分散式测控系统实现远程实时控制，在能保证现场测验作业同时以达到水文要素的实时监测。其主要由分布式设备及各个测控子站组成，其中分布式设备主要用于管理各个子站，与中心服务器进行数据交换，而测控子站完成数据的采集与控制。

4.3.2.1 分布式测控系统

分布式测控系统是计算机技术、通信技术、自动控制技术和现代测试技术的交叉融合发展，体现了合而不同的思想，所要研究的内容很多，但又不是各种技术的简单叠加。从分布式测控系统的概念和定义，可以得到一个简化的研究模型，如图4-4所示。计算机网络通信技术、现代测试技术和自动控制技术是各自独立的学科分支，具有自己的研究内容和研究方法，将前两者应用于后者便产生了学科交叉，这便是分布式测控系统的研究课题。它首先是一个测试控制系统，测试系统的研究方法和内容，如测试信息误差的分析，对测试的响应、灵敏度、分辨率、精度、反应时间等技术指标的基本要求，测试平台的构建等控制系统的研究方法和内容，如控制算法、可靠性、实时性、互操作性、安全性等这些方面仍然应该是分布式测控系统的研究范畴，但由于计算机网络技术的应用，呈现出了新的特点，产生了新的问题，出现了如体系结构、通信协议等新的研究课题。具体来说，分布式测控系统的研究内容有：

（1）体系结构（Architecture）。体系结构决定功能，决定整个系统的构建方向。网络体系结构的确定对网络的性能与发展至关重要。网络体系结构确立了网络建设的指导方向，它不只描绘出网络建设的目标，还制定了网络发展的框架，具有长期的意义。计算机网络的发展从集中式、分层进阶式到扁平分布式。可以预见测控系统体系结构也应走计算机网络体系结构的发展方向，分布式测控系统是一种先进的测控系统，它的先进性首先就应体现在分布的体系结构上。

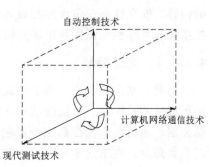

图4-4 分布式测控系统研究模型

（2）实时性（Real-Time）。实时性是分布式测控系统重点考虑的问题之一，测控系统是面向企业生产第一线的，实时性的研究就是要在特定的环境下，使各种设备之间的通信能够保证测控系统的实时性要求。

（3）性能评价（Performance evaluation）。计算机网络性能评价的主要目的有三个：选择、改进和设计。性能评价是对系统的行为进行研究和优化，其方法是对系统的行为进行测量和模拟。性能评价包括按照一定的性能要求对方案进行选择对已有的系统性能缺陷和瓶颈进行改进并提高其运行效率对未来设计的系统进行性能预测，在保证服务质量的前提下实现最佳设计或配置。因此，所设计和组建的分布式测控系统是否满足预期的要求，性能是否优化，这是分布式测控系统性能评价所要研究的工作内容。

（4）协议（Protocol）。计算机网络技术应用于测控系统必然要研究通信协议，众所周知通信协议是通信双方约定的规则。计算机网络中的、胆参考模型及协议栈以太网，令牌环网等长期用于计算机网络通信，已相当成熟，这些技术能否应用于分布式测控系统，应进行怎样的改造，这些都是值得研究的课题。

（5）互操作性（Interoperability）。分布式测控系统由于环境的异构性、分布性，不同厂家的设备需要具有互操作和集成的能力。

（6）算法（Algorithm）。传统的测控系统具有自己的常规研究方法，如开环和闭环控制方法，有的适用于分布式测控系统，有的要进行改进。

（7）安全性和可靠性（Security and Dependability）。安全性和可靠性是系统的根本保障，由于系统呈现网络化分布式的特性，各种测试设备、控制设备的接入对分布式测控系统的安全性、可靠性提出了新的挑战，赋予了新的内容。安全性不仅包含测控设备的安全，还包括测控信息的安全，同时测控系统的可靠性是测控系统研发的追求目标。

4.3.2.2　缆道控制

目前，水文缆道主要用于搭载流速仪、走航式 ADCP 与缆道雷达波设备进行流量测验作业。系统的运行还需要对各部分执行机构和测流过程进行自动控制。缆道自动测控系统一般包括总控计算机、运动测控模块、水下测量模块等部分。根据《水文缆道测验规范》（SL 433—2009），总控计算机需配备符合缆道测流测控系统要求的测流软件和相关通用软件，通过通信接口USB、RS-485 等与测控装置进行信息交换，实现对测验平台水平运行和垂直运行的控制以及测量装置的定点停控；运动测控模块通常由微处理器、PLC、电机调速设备、通信设备及相关辅助电路组成，应实现起点距和水深的计量、流速信号的计时和计数、电机的调速和控制、信号采集、运行控制及报警等功能；水下测量模块应具备水面、水底、流速的信号采集与传送功能。

起点距测控系统是测流系统岸上运行机构的现场控制单元，负责水平巡回机构的控制和起点距位置的测算。主要的控制对象是水文绞车的驱动电机，任务是控制三相异步交流电机的启停、正反转与速度调节。目前普遍使用的增量式编码器测算巡回索的运行长度方式，但在缆道测流中，主索承载水平行车架横跨河流测验断面，它总会存在一定的弧度，因此实际中测算的起点距与理论值存在着一定的误差。

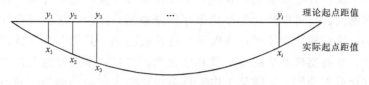

图 4-5 起点距的误差来源

如图 4-5 所示，理论起点距值应为 y_1、y_2、y_3、$\cdots$、y_i，但由于编码器测算的是巡回索的运行长度，而索道还存在一定的弧度，因此编码器测算出的实际起点距值为 x_1、x_2、x_3、$\cdots$、x_i，因此有必要对测算的起点距值进行修正。本书采用的技术方案是将起点距进行分段处理，通过经纬仪的实测数据对每一段进行修正，并将各段的率定系数预置在 PLC 的数据块中，在设备运行时，分段调用起点距率定系数，以达到起点距测算的精度要求。

4.3.2.3 智能测控系统设计

在利用智能测控系统进行水文检测工作时，必须整合软件和硬件两方面资源，实现测控系统的优化设计，确保水文智能检测工作的顺利进行。本书从软件设计和硬件设计两个方面探讨智能测控系统设计。

1. 智能测控系统软件设计

在智能测控系统软件设计时，为了确保测控系统的有效性，要做好报表和硬件设备的程序设定，提供科学规范的约束，确保水文检测工作的顺利进行。

（1）编制报表程序。设计人员要根据现在通用的水文检测行业标准、程序设计规范，努力提高报表的精确性和可操作性，达到报表操作计算人算都适用的要求，要收集整合利用检测数据，绘制水利速度和水深的分布图，并且在程序中加入各项检测计算结果表输出功能。

（2）编制硬件系统控制程序。硬件系统控制程序需提供人机界面的友好交互和图形的现实操作。硬件控制系统程序应该包括系统参数设定和校正、各项数据分析和监控功能等。另外，在硬件控制系统设计时要贯彻检测自动化理念，尽量精简系统操作程序。

2. 智能测控系统硬件设计

在进行智能测控系统硬件设计时，要考虑岸上、水下两处的工作特点进行设计，以便可以全面掌握指定流域的水文特征。

岸上硬件系统设计主要由电动设备、计算机检测设备、数据通信设备、转换转码设备组成，需要对各部分提供的检测信号进行全面记录分析，了解水流速度、泥沙含量等信息，并且要保证系统可以及时应对死机、传输出错和通信阻断问题，可以及时完整的保存检测数据。同时，在系统设计时针对不同功能要进行模块化设计，确保系统可升级功能，并能有效对抗雷电以及磁场干扰，从而实现系统的稳定性和优化性。并且，岸上智能测控系统要具备自动优化升级功能，以满足工作人员多样化的水文检测需要，确保智能检测顺利进行。

水下智能测控系统设计以计算机为基础，设计控制系统，并且由计算机负责传感器信号收集和控制，以免在信号输送过程中时序会错乱。同时，计算机要借助各种程序软件确保信号传输工作的独立性，避免信号干扰的情况。另外，设计者可以通过短波通信、高频发射电路引导水下住所搬迁，移植农作物，从而还原河流本来面目，再对河流进行调查研究制定设计方案。

在进行智能测控系统设计的时候还要注意以下问题。第一，在系统设计时要注意考虑工作人员操作习惯，从而方便系统的操作使用。同时要安装信号指示灯，让工作人员通过信号灯第一时间了解信息接收情况。第二，要增强智能系统的自动化水平，水文检测工作人员习惯利用鼠标进行操作，所以要尽量增强系统的自动化水平，使系统可以按照设计好的参数进行完整测量，减少复杂烦琐的人工操作。第三，在设计报表程序的时候，要严格遵守行业规范，全面考虑人工计算和系统报表的特点，从而确保报表的真实可靠。

4.4　非接触式的水位流速监测技术

4.4.1　基于图像识别的水位监测技术

基于图像识别水位是一种非接触式水位测量方法，能够在不接触水体的情况下测量水位值，具有自动监测、异常值复盘、高效准确的优点。目前基于图像识别的水位监测体系的主要组成如图4-6所示。

基于图像识别的水位监测技术主要由影像采集模块，水位分析模块，异常分析模块，管理员处理模块，以及入库储存模块等基本单元组成。整体的监测过程开始于影像采集模块，目的是获得用于测量水位的影像资料。通过前端位于测量现场的影像采集设备，如网络相机等，对已知高程的目标对象进行拍摄。图4-7展示了一个带有水池的水位监测站点。

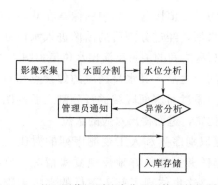

图4-6 基于图像识别的水位监测体系结构图　　图4-7 某小型水库水位监测站点

经过固定之后的摄像机间隔一定的时间 ΔT 对目标对象进行拍摄，拍摄的结果交由水面分割模块进行处理，水面分割模块的作用为针对影像采集模块采集的图像进行水面部分的提取，随着计算机视觉技术的发展，计算资源的丰富，越来越多高效的图像分割算法被提出，其中卷积神经网络（Convolutional Neural Networks，CNN）通过权值共享，局部连接以及汇聚等特性，使得神经网络具有一定程度上的平移，缩放和旋转不变性，同时相比于其他的神经网络具有更少的参数。作为近年来在各类分割任务中取得最佳成绩的分割算法，卷积神经网络被选为识别水面区域的模型。其结构如图4-8所示，由卷积层、池化层、反卷积层，以及特征图之间的跳跃连接构成。

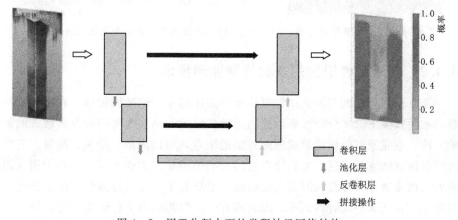

图4-8 用于分割水面的卷积神经网络结构

39

经过训练的神经网络具有强大的非线性识别能力，能从输入的图像中识别出水域对应的部分。图4-9展示了神经网络的分割结果。可以看出水面区域被正确地进行了识别。神经网络的输出为一二值图像，其中的像素在0与1之间取值，表示像素点属于水面或不属于水面，经过分割后的图像进入水位分析模块，通过分割的结果和像素点对应的高程之间的关系反演出水位值。图4-9展示了水库水位站的监控影像。当相机固定之后，其水尺区域的像素点和对应的高程之间的对应关系也就随之固定。而通过对水面区域进行分割之后的图像可以知道属于水面和非水面交界处像素位置，进而得出对应的水位。

图4-10展示了基于影像的水位识别序列和人工观测序列的对比，可以看出基于视觉的识别方法在水位监测任务上能较好地反映真实情况。反若超越阈值，需要管理员进行人为的观察，这也体现了基于图像的水位识别方法具有异常值复盘的特点。当出现异常的情况时，可以通过观察历史的影像记录来确定正确的监测值。最后监测的数据需要与后端的数据传输部分进行连接，对观测的数据进行入库的存储。

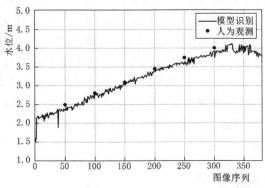

图4-9　神经网络分割结果　　　　图4-10　影像观测结果和人工观测结果对比

4.4.2　基于图像识别的表面流速监测技术

基于图像识别的表面流速监测技术主要在河岸一侧架设相机，利用相机拍摄的水面视频图像来分析水流示踪物运动矢量的大小。作为一种非接触式的测流方法，它克服了传统接触式测流方法的缺点，可以简单、快速、高效、安全地测量流速和流量信息，尤其使得高洪时期的测量工作成为可能。基于图像识别的表面流速计算方法以河流表面图像为分析对象、通过检测合成时空图像的纹理主方向获取一维时均流速。因为该方法不仅能获得平行于流动方向的一维流速分布，同时其空间分辨率能够达到单像素水平，算法效率高，能够实现无人值守，实时在线智能监测，特别适用于中小河流以及中小水库的流量监测。

1. 时空图像测流技术（STIV）原理

在忽略风的影响下，诸如涟漪、波纹等河流表面流动特征是随水流一起运动的，因此可以认为其运动速度近似等于河流表面流速，这些表面流动特征的运动又会导致河流表面灰度发生变化。综上所述，河流表面灰度的变化大小可以反映河流表面流速的大小。可以在所拍摄的河流视频中沿河流方向设置一系列测速线，逐帧提取每条测速线的灰度信息以合成该测速线的时空图像。由于灰度的变化，在每幅时空图像中会呈现出带状纹理，带状纹理与竖直方向所夹的角度（纹理角）即包含了表面流速信息。

2. 时空图像生成

时空图像包含着河流表面灰度的变化信息，通过对时空图像中纹理角的识别可以得到表面流速信息。下面以一个实例来说明纹理角的生成：图 4 - 11 是测表面流速的测速线设置，图中箭头代表水流方向，线段代表沿水流方向设置的测速线。根据测速线的像素坐标位置，逐帧提取测速线的灰度，将每一帧的灰度信息按照从上往下的顺序进行排列，每一帧的灰度为 1 个像素，即可得到如图 4 - 12 所示的时空图像。

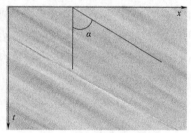

图 4 - 11　测表面流速的测速线设置　　　图 4 - 12　测速线的时空图像

3. 纹理角识别

为了尽可能排除时空图像中噪声对计算结果的干扰，将时空图像分成若干个小部分，先求出各部分角度，再对各部分的角度值求平均，得到最终的纹理角大小，过程如图 4 -13 所示。

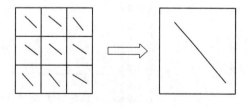

图 4 - 13　纹理角求解过程

4. 表面流速与流量计算

涟漪等表面流动特征在时间 T 内沿测速线运动的距离为 L，相应地，在相平

41

面坐标系下则对应于在 k 帧内运动了 i 个像素，则测速线上的流速大小为

$$v = \frac{L}{T} = \frac{i \cdot S_x}{k \cdot S_t} = \overline{\tan\alpha} \cdot \frac{S_x}{S_t} = \overline{\tan\alpha} \cdot S_x \cdot fps \tag{4-4}$$

式中：$\overline{\alpha}$ 为纹理角大小；S_x 为每个像素所代表的实际距离，m/像素；fps 为相机的帧速率，帧/s。

最后可根据流速面积法，按照下面的公式计算流量：

$$Q = \sum_i \eta \cdot V_i \cdot A_i \tag{4-5}$$

式中：η 为流速系数；V_i 为区间表面流速；A_i 为区间面积。

以流速仪法测量所得的流量视为流量真值，作为图像测流方法的标准。为了验证上述基于图像识别的测流方法的可行性与准确性，于 2019 年 6 月 14 日在崇阳水文站使用旋桨式流速仪进行了流速比测试验。流速仪测量与视频拍摄在无风时段同步进行，以满足 STIV 使用条件且保证二者测量的是同一时段水流。崇阳水文站位于湖北省咸宁市崇阳县陆水河干流畔，隶属于长江水利委员会水文局，是国家级基本水文站。流速仪在起点距分别为 70m、80m、90m、100m、110m、130m 和 140m 的垂线利用两点法测量垂线流速，同时测量位于水面下 50 cm 处的流速，将其近似视为表面流速。根据视频中流速仪的位置，在相同起点距处设置长度相等的测速线，按照本书方法计算表面流速与流量，并比较二者测量结果。根据崇阳站多年观测经验，分别取表面流速系数为 0.70～0.75，按照流速面积法计算断面流量。以取表面流速系数为 0.7 为例，断面计算流速分布如图 4-14 所示，图像法计算流量如图 4-15 所示。

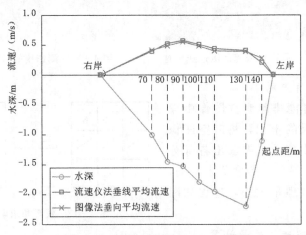

图 4-14 断面计算流速分布示意图

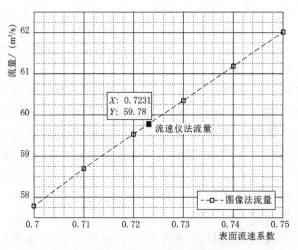

图 4-15　图像法计算流量结果

从流速和流量的计算结果来看，通过图像法得到的流量均在合理范围内，相对误差均不超过±5%，说明只要根据水文站特性适当选取表面流速系数即可得到令人满意的流量计算结果。

4.4.3　基于雷达技术的河道断面流量计算方法

非接触雷达测流设备不仅能解决人工无法测验河道流量的问题，而且在恶劣的野外环境下实现真正的无人值守，有效提高河流流量监测现代化水平。但是非接触式测量只能直接测量河流表面多点的流速，不像传统的接触式测量技术可以测量河道横断面预定位置上多点流速，从而不能直接测算河道断面瞬时流量。本书提出一种非接触式雷达测流的河道断面流量计算方法，在非接触式雷达测得河道水位和表面流速的基础上，将水力学天然河道流量测验计算原理和计算机模拟作为河道断面平均流量的计算依据和获取手段，解决非接触式雷达测流技术无法获取河道断面流量问题。

首先，在雷达探头测点所在的河道横断面，按一定的距离间隔进行断面测量，记录高程坐标，绘制河流横断面实测图；其次，基于断面实测数据，在通用计算模拟软件中进行多项式曲线拟合，得到断面拟合多项式并绘制河流横断面曲线拟合图；再次，根据探头位置、实测水位、表面流速及河床糙率，结合水力学曼宁公式，计算河道断面水面比降；然后，选取一定数量的垂线对河道拟合断面进行均匀划分，依次计算各条垂线水深及对应的垂线流速，对每条垂线段作虚垂线，与河道拟合断面及表面实测水位线构成数个不规则的多边形，依次计算每个多边形的面积；最后，采用面积加权法，计算河道断面流量，即完成了基于河道表面水位和流速实测数据的断面流量计算。

雷达测流技术已在湖北省磷矿水文站应用。磷矿河段顺直，河道宽浅，断面稳定。在该站点河道断面上方布设了雷达测流设施，通过雷达测流设施实时获取河道水位和表面流速，数据更新频率为5min。雷达探头与河道断面的位置关系如图4-16所示。通过单波速测深技术获取河道大断面数据，基于最小二乘法的曲线拟合方法，对大断面实测数据进行多项式曲线拟合，得到磷矿水文站大断面实测及拟合图，见图4-17。利用磷矿雷达探头在2015-04-02 9：00—2015-04-10 23：50的实测数据，结合本书提供的具体实施方式，计算得到该期间磷矿断面流量过程线，见图4-18。为进一步验证磷矿断面流量计算的准确性，在河道低流速状态时通过走航式ADCP技术对磷矿断面流量进行25次施测，与雷达测流技术获得的同步断面流量资料进行比测，点绘相关关系图，见图4-13，相关关系达0.9657。此图反映出雷达测流技术与走航式ADCP之间具有较好的一致性，可以作为利用该方法进行非接触式雷达测流的河道断面流量准确计算的佐证。

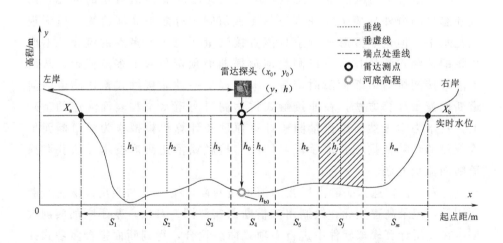

图4-16　雷达探头与河道断面的位置关系示意图

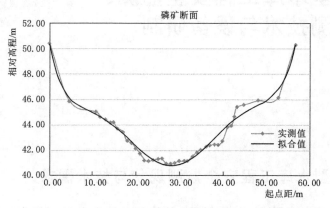

图 4-17 磷矿水文站大断面实测及拟合图

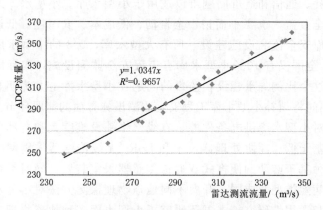

图 4-18 ADCP 施测与雷达测流资料比测

小型水库工程安全监测、探测技术与设备研制

5.1 小型水库工程安全监测现状与技术需求

  小型水库点多面广，位置偏远，通电和通信条件差，现有的工程安全监测设施因电耗、通信和造价问题难以适用于小型水库。小型水库工程安全监测既要面广全覆盖，也要小而精、全自动、低成本、低消耗、低运维。相比于大中型水库安全监测设施建设（所有大型水库，2/3 的中型水库建有安全监测设施），全国仅有 10％ 小型水库有工程安全监测设施，实际能正常运行的远远低于这个比例。重建设轻监督的问题在小型水库上尤为明显，国家在"十四五"期间将填补小型水库工程安全监测设施方面的薄弱环节。

  本书针对小型水库供电条件差、有线网络铺设难度大和自动化监测难等问题，研究基于低功耗协处理器技术和 LoRa 无线传感器采集网络的通信方法，研发一种基于蓝牙的便携式双通道传感器采集装置，同时系统梳理小型水库面临的病险类型及成因，开展不同地球物理探测方法对小型水库隐患探测的有效性和适用性研究；本书还研究了小型水库多种地球物理探测技术集成方法和工程快速检测技术，形成一套快速普查—详查—验证并对浅中深部目标全覆盖的小型水库大坝隐患探测技术方法；研发基于多终端多平台的小型水库动态监管系统，为水库管理人员实时动态掌握水库信息提供技术支撑。小型水库工程安全监测技术是"水库管家"的重要组成部分，依托于现有的技术和产品设备，立足于自主研发，通过科技创新，构建高效实用、智能绿色、经济运行、安全可靠的新型工程检测技术和设备。

5.2 小型水库工程安全监测自动化技术及动态监管系统

5.2.1 无线低功耗安全监测采集系统设备研发

  无线低功耗安全监测智能采集系统由低功耗采集单元和数据集中器

组成，具体如图 5-1 所示。低功耗采集单元负责监测传感器的数据采集、存储和无线通信的功能，通过低功耗采集单元定期休眠、通信数据包唤醒、选用低功耗芯片及通信模块等方式，降低采集单元的功耗，数据集中器通过 LoRa 无线通信收集多台低功耗采集单元上报的监测数据。

无线低功耗安全监测智能采集系统具有远程访问和控制能力，用户可以远程监控采集设备的状态和数据，采集系统部署完成后，只需 2 年时间更换一次电池，不需要人工日常维护和现地操作，采集设备能够对环境温度、湿度参数进行采集，具有数据存储能力，将大量的传感数据存储到远程云服务器，软件系统将进一步整理和分析。

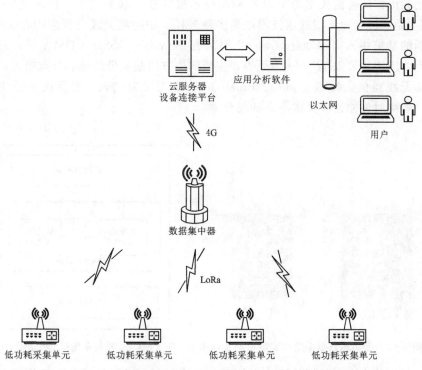

图 5-1　无线低功耗安全监测智能采集系统拓扑结构图

5.2.1.1　硬件设计

1. 低功耗数据采集单元

低功耗数据采集单元是整个系统的核心设备（实物如图 5-2 所示），由无线通信模块、协处理器模块和采集模块单元3个核心模块组成，如图5-3所示。通过低功耗的双CPU运用，实现不同处理器的功能分工及休眠机制，并结合LoRa无线技术的应用，解决了传感器野外自动测量、低功耗及远程传输的问题，具有可靠性高、无人值守的特点。

低功耗数据采集单元外形小巧，配备防水外壳，可灵活机动地布置到指定的测量地点，且通过LoRa无线技术与数据集中器通信，解决了大坝施工期、边坡等区域不方便布线的问题，可根据仪器布点的环境，可选择高功率的不可充电池，或者选择高容量的充电电池及太阳能板，减少装置电池更换次数及维护成本。

LoRa（Long Range）技术是一种专用于无线电扩频调制与解调的技术，采用1GHz以下的通信载波，实现了超低功耗，超远距离的通信。LoRa技术是把频谱扩展通信技术与GFSK调制技术融合在一起的技术。目前全球短/近/中距离标准的无线通信技术也是多种多样。中距离无线主要应用在10km范围的宽带接入，移动通信等，主要的有WiMax、GSM、CDMA等；近距离无线应用主要以Wi-Fi为代表，主要解决方向是宽带的最后节点接入；短距离无线通信主要以Zigbee、Bluetooth、小无线为代表，主要用于低速场合，解决对传输速度要求不高的场合。

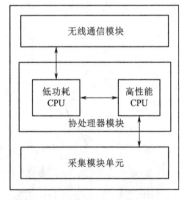

图5-2 低功耗数据采集单元的研制实物图　　图5-3 低功耗采集单元模块示意图

无线技术中，数据传输速率越高，通信距离相对就越远；而通信距离越远，功率消耗就越大。但是LoRa技术例外，LoRa技术是一种超长距离的小无线技术，融合了数字扩频、数字信号处理和前向纠错编码技术，其通信距离远，功耗低，只是通信速率比较低。LoRa技术非常适合于需要一定规模的组网、对低功耗和远距离有非常强烈的要求、高安全性、数据量不大的工业控制领域。LoRa 技术是一种新兴的 Sub-1G 无线通信技术。与普通的小无线相比，它功耗更低，通信距离更远，通信可靠性更好。与 GSM、CDMA 等长距离的无线通信技术相比，其通信网络的复杂度和成本都极低，缺点是通信速率比较低。可以在传感器网络、工业现场，家庭监控、安全系统和物联网等领域拓展 LoRa 技术的应用。

利用 LoRa 通信模块的空中唤醒功能，实现了低功耗状态下采集单元的实时召测功能。采集设备需要具备实时召测的功能，因此无线模块不能长时间处于休眠状态，采用 LoRa 通信模块的空中唤醒功能，定时自唤醒无线模块，醒来后判断是否有数据前导码，没有就继续休眠，有前导码就处理接收数据并唤醒采集单元，处理完继续休眠，避免了长时间处于接收状态消耗能量，这是整个系统低功耗运行的关键技术。

低功耗数据采集单元无线通信采用主动上报和被动查询 2 种模式保证数据的及时性和完整性。低功耗数据单元按照周期性唤醒进行自动数据采集和存储，并且及时主动上报采集数据给数据集中器，提高数据的及时性。数据集中器或者远程云服务器由于无线通信存在信号干扰而导致的数据丢失，设备连接平台会根据定时数据的时间和编号搜索查找丢失数据编号，平台主动发送查询指令，通过数据集中器空中唤醒低功耗采集单元，及时补齐丢失的监测数据，保障数据的完整性。

目前国内外安全监测内观仪器以振弦式为主，振弦仪器由于生产厂家、类型和型号不同，激励电流不同，各个厂家采集设备不能够兼容其他所有厂家的振弦仪器，导致通用性受到了制约。振弦仪器埋入后，会发生绝缘度降低和弦材料疲劳等，导致回波信号较弱，干扰信号较强，出现读数不稳、跳动、无法准确采集数据的现象。针对这一问题，本书设计了一套基于频谱方法的采集模块，在频域上分离回波信号和干扰信号，适用于各个厂家不同类型的振弦仪器。采集模块硬件电路由激振电路、放大电路、滤波电路、采集电路组成，其示意图如图 5-4 所示。

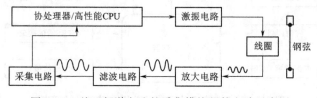

图 5-4　基于频谱方法的采集模块硬件电路示意图

2. 数据集中器

数据集中器作为整个采集网络的控制端，由 LoRa 无线通信模块、微处理器模块和 4G/GPRS 通信模块 3 个核心模块组成。数据集中器根据接收到的云服务器设备连接平台的指令，生成下发给低功耗采集单元的数据包，通过 LoRa 无线通信模块逐个给网络中的低功耗采集单元发送数据包，数据包包括唤醒数据包和通信数据包，其中唤醒数据包包括唤醒指定的低功耗采集单元的唤醒信号以及用于对时的数据包时间戳，通信数据包包括需要采集传感器数据的命令以及数据包返回的时间；数据集中器同时接收低功耗采集单元发送的数据包，协议转换后发送到云服务器设备连接平台。数据集中器要时刻接收来自云服务器设备连接平台的通信指令，需要长期供电，没有低功耗要求，因此，微处理器模块采用一款高性能 CPU 就能满足两种通信模块的数据交互及控制需求。

高性能 CPU 选择 32 位的微处理器芯片 STM32F407，实现数据协议转换、通信交互、通信控制等功能，高性能 CPU 与 4G/GPRS 通信模块、LoRa 无线通信模块进行数据交互，根据两种不同的通信协议进行数据转换。

STM32F407 微处理器为采集装置提供了卓越的计算性能和先进的响应中断的能力，同时具有成本低，引脚的数目少、系统的功耗低的优点。处理器是 32 位的 RISC 处理器，提供超常的代码效率，存储空间大小在通常 8 位和 16 位的设备上发挥 ARM 内核的高性能。处理器支持一套 DSP 指令允许有效的信号处理和复杂的算法的执行。它的单精度浮点运算单元加速软件开发利用，支持多种语言工具，同时避免饱和。高性能微处理器的外围电路结构示意图如图 5-5 所示。

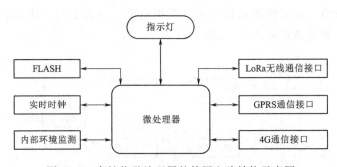

图 5-5　高性能微处理器的外围电路结构示意图

GPRS 通信采用独立的 GPRS 通信模块，微处理器与 GPRS 模块的连接主要是通过串口通信，微处理器包括 GPRS 网络通信服务程序，在程序运行之前，需要检查 GPRS 是否开机，如果没有开机，则重启 GPRS 模块，保证 GPRS 正常开启，配置程序还需要对串口的波特率、校验位、数据位等信息进行配置，对 GPRS 网络通信服务程序初始化完成之后，创建 GPRS 网络通信服务程序，将 GPRS 网络通信服务添加到系统的服务列表中，为保证 GPRS 的正常通信，每次发送数据前，需要对 GPRS 通信线路检查，可以利用 AT 命令中的 AT 指令测试通信链路的畅通，通信链路断开时，服务程序将会挂起任务本身并上报错误原因；通信链路连通状态下，服务程序对通信 IP 地址、端口号等信息配置，每一项配置信息设置完成后，GPRS 模块都会返回状态信息，根据状态信息可以查看配置是否成功或错误信息，配置完成后，服务程序将待发送数据通过 GPRS 模块发送出去，数据发送失败或者未返回发送成功状态信息，服务程序将会再次发送代发送数据，两次均未发送成功，服务程序将会将自己挂起，并会在下一次成功发送数据后对本次数据进行补发。

5.2.1.2 软件设计

低功耗数据采集单元设计了两种移动端软件，包括手机 App 和微信小程序两种，微信小程序，是一种不需要下载安装即可使用的应用，它实现了应用的"触手可及"，扫一扫或搜一下即可打开应用。低功耗采集单元设计两种移动端软件，使人工交互更加的智能便捷。不仅可以实时读取当前采集的数据，也可以查看每个通道的历史数据，"比测"界面可操作低功耗采集单元与振弦读数仪的对比数据。低功耗采集单元提供人工比测接口，直接把人工比测接口连接到振弦读数仪，其他传感器接线不变动，直接进行现场数据比对，避免了传统的比测方式的繁琐费时。传统的方式需要把传感器的输入线重新连接到振弦读数仪，待振弦读数仪读取完成后，再重新接线到自动采集装置，这样方式接线及操作耗时长，操作繁琐。

5.2.2 手持式振弦差阻读数仪研发

振弦式传感器和差阻式传感器是目前国内外广泛应用于岩土工程安全监测的传感器，可以测量岩土工程的应力应变、温度、接缝开度、渗漏和变形等物理量。振弦式传感器通过测量振弦的振动频率经换算得到相应的被测参数，具有结构简单、坚固耐用、抗干扰能力强、测值可靠、稳定性好等优点；差阻式传感器通过测量两根钢丝电阻的比值及电阻和得到仪器的变形量，具有防潮、测量稳定可靠、测试方法简单、绝缘要求低、防雷能力强、经济性好等优点。传统的便携式传感器采集装置是利用单类型的传感器读数仪，人工记录测量数据，再将全部数据手动录入电脑，进行数据处理和分析，若工程中有差阻式传感器和振弦式两类传感器时，还需携带两台读数仪，具有仪器携带不便利、数据录入工作量大、易出错、需多次检验矫正、无法现场及时处理的缺点。

手持式振弦差阻读数仪是一款能采集振弦式传感器数据的手持式电测读数仪表，此外它还具备测量差动电阻式传感器的功能，如图5-6所示。在工程安全监测施工期和巡视期的测量中，常规的人工记录方式具有接线繁琐，效率低下而且容易产生人为记录错误的缺点。手持式振弦读数仪App能完全取代传统的人工记录的模式，方便用户进行振弦式传感器数据采集和记录的工作。该App嵌入了NFC和二维码扫描的功能，便于用户快速读取、存储或修改传感器编号，提高了数据记录过程的效率。

图5-6　手持式振弦差阻
读数仪实物图

手持式振弦差阻读数仪硬件框架图如图5-7所示。包括传感器接口模块、蓝牙模块、充电电池、智能手机、微处理器及与微处理器连接的振弦式信号采集模块、差阻式信号采集模块、切换模块。传感器接口模块通过切换模块与振弦式信号采集模块、差阻式信号采集模块连接，传感器接口模块通过切换模块选择对应传感器类型的采集模块经信号转换后输入到微处理器，蓝牙模块通过蓝牙通信方式与智能手机通信连接，智能手机通过通信网络与远程数据中心进行数据交互。

振弦式信号采集模块包括射随输出电路、三极管放大电路、功率放大电路、整形电路及温度采集电路，射随输出电路的信号输入端用于接收微处理器产生的方波信号，射随输出电路的信号输出端通过三极管放大电路与切换模块连接；功率放大电路的信号输入端用于接收传感器激振后产生的微弱波形，功率放大电路的信号输出端通过整形电路与微处理器连接；温度采集电路的信号输入端与切换模块连接，信号输出端与微处理器连接。差阻式信号采集模块包括A/D转换电路、参考电压切换电路和恒压源电路；恒压源电路为 A/D 转换电路和差阻式传感器提供恒定的电压，参考电压切换电路通过切换 A/D 转换电路的参考电压值以提高 A/D 转换芯片的电压分辨率。

蓝牙模块通过 UART 通信协议与微处理器进行数据交互。通过蓝牙模块接收智能手机 App 的参数命令，将参数命令转换成逻辑指令及开关信号，对两种信号采集模块进行选通及控制，并将两种信号采集模块采集的各类物理量转换成浮点数保存，再传输到蓝牙模块，智能手机 App 进行显示。App 软件通过无线蓝牙连接手持式振弦差阻读数仪，实现现场人员采集和同步监测仪器数据。

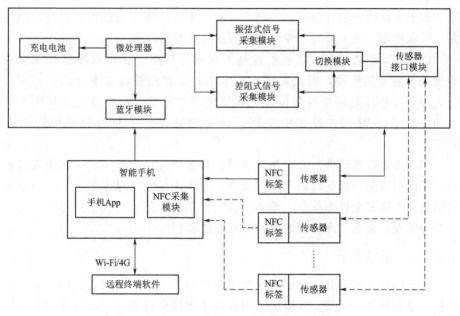

图 5-7　手持式振弦差阻读数仪硬件框架图

5.2.3　CK-RMS 小型水库安全动态监管系统

CK-RMS 小型水库安全动态监管系统是一套创新小型水库日常管理方式的信息化系统，是"水库管家"科技创新服务体系的重要组成部分。通过在水库现场安装集水库大坝变形、渗流、应力、视频图像等安全监测信息自动化采集功能于一体的低功耗智能采集设备，并在水库巡视检查线路上设立具有扫码和 NFC 功能的智能标签，实现小型水库大坝安全性态等安全监测信息实时动态感知和巡视检查智能化，可提供定制化功能服务。水库管理人员可通过电脑、手机 App 和微信小程序等多种方式进入云端服务软件，随时随地掌握所管理的小型水库动态；水利监管部门可以在系统中了解到各水库巡视检查情况和相关问题处置情况，通过信息化手段落实小型水库监管。

5.2.3.1 系统建设内容及功能

CK - RMS 小型水库动态监管系统建设内容主要包括水库一体化监测系统、移动巡查系统及综合监管软件 3 部分。

（1）水库一体化自动监测系统。监测系统主要是通过在水库现场安装集水库水位、降水量、大坝变形、渗流、应力、视频图像等监测信息自动化采集功能于一体的低功耗智能采集设备，对小型水库安全监测信息实现智能感知、可靠传输、统一管理、专业分析与及时预警功能。

（2）移动巡查系统。巡视检查是发现水库缺陷、保证水库运行安全的最直观最重要的手段，因此加强小型水库的日常巡视检查十分必要。本设计方案将在水库现场重要部位设立智能化巡查标签，水库巡查员利用手机上的巡查 App 对巡查过程中发现的异常信息进行上报并完成问题动态跟踪。

（3）综合监管软件。为水库、乡镇、县区以及地方提供统一水库管理软件，不同层级用户根据权限不同，对管理范围内的水库基本信息、实时水雨情信息、大坝安全性态信息、动态视频图像信息、巡视检查信息等进行全面查询与管理，提高水库管理效率，提升管理水平。

5.2.3.2 系统设计

基于信息流角度分析，将系统整体设计分为 3 层，按信息流向分别为数据层、业务层及表现层。数据层集中存放了支撑整体系统运行所需的各类基础数据及实时在线数据，同时经数据路由功能整合了各类分散的多源数据；业务层集合各种算法及数据处理模块，提供各类信息的处理、分析、管理功能；表现层提供了人机交互的一系列功能界面。各层之间分别由数据库交互接口和一系列 Web API 进行连接和通信。

系统总体框架如图 5 - 8 所示，系统基于 B\S 体系进行部署，系统设计方案充分考虑到不同用户终端的信息接收特点，以实现集中部署、多点访问、兼容多种网络环境、满足不同终端的部署效果。系统采用主流 Web 开发技术，兼容用户常用的浏览器环境；并且针对移动终端进行专门的内容版式设计，以方便对相关信息的及时获取。

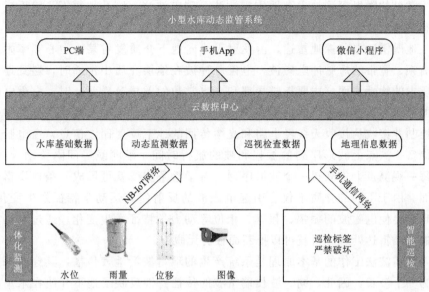

图 5-8 系统总体框架

5.3 小型水库大坝隐患探测技术

小型水库大坝的病险类型及成因主要包括坝体填筑过程中混入松散软弱夹层、建于软土地基上的大量土石坝整体沉降和不均匀沉降、水库坝体内的动物巢穴、混凝土面板脱空、坝基和坝岸两端地基中的孔隙造成的渗漏和散浸、防渗墙缺陷或失效、建基面破碎等，小型水库大坝探测方法和仪器设备较多，传统的钻探取芯、开挖取样方法，不仅费时、费力、具有破坏性，而且是一孔之见，很难大面积广泛使用。瑞雷波法、地质雷达和高密度电法等先进的地球物理探测方法虽然具有快速、连续大范围扫描探测和无损的特点，但各自都有局限性。地质雷达法探测的深度浅，不适用于深部的隐患探测；瑞雷波法虽然能探测较深部位，但深部频点低、分辨率较低；高密度电法探测深度较大，但对于浅层地表部分存在盲区。因此，研究瑞雷波法、地质雷达法和高密度电法不同地球物理探测方法对不同缺陷隐患探测的有效性及适用条件，将各种方法进行优势互补，互相取长补短，进而提高中小型水库土石坝安全隐患探测的精度和可靠性。

5.3.1 常用的隐患探测技术

常见的隐患探测技术有地质雷达法、瑞雷波法、跨孔地震 CT 层析成像法和高密度电法。

地质雷达也称探地雷达，由发射天线向地下介质发射某一中心频率附近的高频、宽带的短脉冲电磁波，电磁脉冲波在地层介质中传播时，遇到地下介质中的物性界面（主要指磁导率和介电常数的差异分界面）时，发生电磁波的反射和透射；被反射的电磁波传回地面，被接收天线所接收，电脑和仪器控制并接收从接收天线经电路和光缆传回的地下反射回波信息，在电脑中存储每一测点上波形序列的振幅和波的旅行时间，沿测线等间隔移动天线，在每一观测点上可获得一个波形序列，对于整条测线就可形成一条地质雷达剖面。由于不同的介质不仅会引起电磁波的反射使其运动学特征发生变化，而且还会使电磁波的振幅、频率、相位等动力学特征发生变化。通过对接收到的地质雷达处理分析就可以推断面板有无脱空。

瑞雷波法工作的基本原理是系统产生的瑞雷波沿地表传播，其穿透深度约为一个波长，因此，同一波长瑞雷波的传播特性反映了地下介质在水平方向的变化情况，不同波长瑞雷波的传播特性反映了地下介质在不同深度方向的地质变化情况。在地面上沿波的传播方向，以一定的道间距设置多个检波器，就可以检测到瑞雷波在一定长度范围内的传播过程，根据频散曲线的变化特征可判断地下介质情况。

高密度电法探测的基本原理主要是利用周围介质与探测目标体存在电阻率差异进行工作的。野外采集时将全部电极（几十至上百根）置于测点上，然后利用程控电极转换开关和采集仪实现视电阻率数据 ρ_s 快速自动采集测量：$\rho_s = K \cdot \Delta U / I$，其中 I 为供电电极 A、B 的电流强度，ΔU 为测量电极 M、N 间的电位差。探测深度随着供电电极 A、B 距离的增加而增大，当隔离系数 n 逐次增大时，A、B 电极距也逐次增大，从而对地下深部介质的反应能力亦逐步增加，通常把高密度电阻率法的测量结果记录在观测电极 M、N 的中点上，整条剖面的测量结果便可以表示成一种倒三角形的二维断面电性分布图。采集的视电阻率数据经高密度电法成像处理软件进行一系列的分析解释，便可获得地下介质结构的一维电阻率曲线图、二维断面图和三维立体图。

跨孔地震 CT 层析成像因原理上和医学 CT 技术相似而得名，是一项探测精度较高的高新技术。它一般是通过接收在物体外部发射的穿过地质体的地震波，利用波在不同介质中传播速度的差异原理，并结合计算机重建技术，重现地质体内部结构。该方法经过 40 余年的发展，到目前已取得了很大进展。一方面，跨孔地震 CT 技术能多方位地对目标进行探测，较常规的地震勘探方法获得更多的信息；另一方面，跨孔地震 CT 获得的结果是地下介质弹性波速度的空间分布，与电磁波类方法相比，弹性波速度与介质的力学性质的关系要密切得多，因此不仅有利于全面细致地了解探测区域异常体的大小、形态及空间分布，也有利于确定异常体的工程性质。

5.3.2 小型水库大坝隐患探测技术应用实例

小型水库以土石坝居多，其渗漏问题较为突出，且易引发较大的水毁灾害。本节以湖南藕塘小型水库为例，重点阐述小型水库大坝隐患探测技术之一——高密度电法在小型水库隐患探测中的应用情况。

5.3.2.1 工程概况

藕塘水库枢纽工程位于醴陵市贺家桥乡妙泉村，属渌江（湘水一级支流）的二级支流（流铁河），三级支流（大漳河）上游，控制集雨面积 2.1km² （外引 60km²），正常蓄水位 147.62m，正常库容 1092 万 m³，该工程始建于 1956 年，为小（1）型水库（库容 134 万 m³），1966 年扩大建为一较大的小（1）型水库（库容 524 万 m³），水库大坝为土石坝，1973 年 6 月晴天垮坝失事，该年冬天修复并扩建为中型水库运行至今。水库下有醴茶铁路和 106 国道，地理位置十分重要，该工程是一座以灌溉为主，兼顾防洪、发电、养殖等具有综合效益的中型水利工程。藕塘水库是在原水毁工程的基础上修复并扩建的，但其建设过程仍属"三边"工程，存在着坝基、坝身渗漏及输水涵管渗漏等问题。

坝基地质条件特别复杂，断层破碎带、岩溶、煤层与老窿是水库长久安全运行的最大隐患。据原施工记录，施工清基时共发现主坝底部有 5 条纵向连通的溶沟，并见有其他溶洞 20 多个。对于坝基的岩溶处理，建库清基时顺坝轴方向开挖了两条相距 4m 宽 1m 深入岩面内 0.8m 的混凝土齿墙，在两齿中间的 4m 用砼注平，形成一个 H 形剖面的截水墙，但深部岩溶未做清除处理，更未做帷幕灌浆等工艺，建库后岩溶渗漏严重，试验流程如图 5-9 所示。

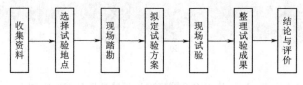

图 5-9 试验流程图

5.3.2.2　反演分析

本试验分别采用了温纳装置、偶极-偶极装置、施伦贝尔装置 3 种测量装置进行测量。重点基于施伦贝尔装置的结果进行分析反演分别采用基于最小二乘法和 BP 人工神经网络的反演方法进行数据反演分析。

本试验首先采用温纳装置进行测量，测量时由于注水时间较短，扩散范围还不大，位置较明确，注水位置在本次试验中位于测线的 66m 处（从左至右算起）。试验前对人工低阻体的位置及大小估计为处于测线 66m 处，深度位置根据测压管下端花管开口段为 10m 以下位置，由于注水是无压的，根据注水量、土质及其他相关资料推测低阻体大小应该是以测压管为中心的几米范围内。结果如图 5-10、图 5-11 所示，通过比较以上两种反演方法的反演结果，容易观察到 EarthImager2D 软件基于最小二乘法的反演结果低阻体区域较大，从图 5-10 中看基本右下部一整条区域都反应为低阻体，而根据事先所得到的低阻体位置信息可知，低阻区域范围远未达到该值。

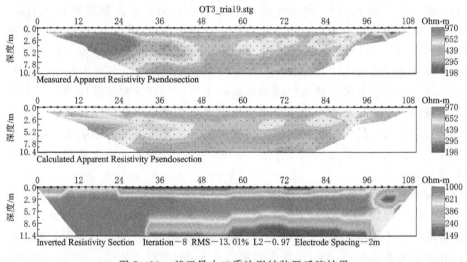

图 5-10　基于最小二乘法温纳装置反演结果

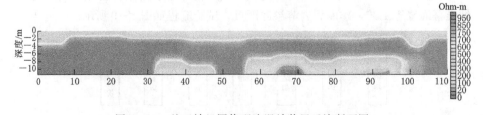

图 5-11　基于神经网络理论温纳装置反演断面图

（1）上部有一条电阻率略低于坝体的带状地质，这是因为上部近地表面为草皮覆盖，受草根等物体影响，电阻率必然要比坝中略低，这是一种完全正常的现象，正好说明反演结果体现了实际的情况。

（2）测线 40m 处也有一处低阻体，但可以看到这一处低阻体低阻现象并不明显，基本也在 500 Ω 以上，肯定非过水通道，形成原因可能坝体此处原填土电阻率低，还有一种解释就是根据实测数据，神经网络依据自己的学习经验或联想功能认为此处电阻率显地比周围略低，可以认为是一种假象，对土石坝渗漏安全隐患探测没有影响，因为不会认为此处为渗漏通道（如为渗漏通道或很潮湿的土质其电阻率会远低此）。

（3）测线 68m 附近有一处低阻现象十分明显的区域，64～72m 处这一小块区域表现得十分明显，其他地方逐渐过渡向高阻过渡，这一区域和注水的人工低阻体位置十分吻合，偏差并不大，对要进行土石坝渗漏安全隐患疑似点提示而言，已经能满足我们的工程精度。

（4）测线 80m 处到 95m 这一小段也显地比周围土体的电阻略低，对于实际的地质情况，不能要求反演结果像做数值模拟一样完美，因为地下的地质情况是非常复杂的，并不是数值模拟所假设的那样简单，所以此处出现了一小段低阻体是合理的，并不是反演错误，观察 EarthImager2D 软件反演结果在这一段也是有类似的现象，说明注水到下面后，可能有向右渗透的趋势，不过此时尚不能得到明确的结论，需结合后面的装置类型再进一步推测。

综合以上结果表明，利用高密度电法小型土石坝渗漏隐患探测是可行的。从上文的分析中也可以看出，不管采用何种测量装置，总是能对疑似渗漏点有所反应。通过反演方法的对比分析，采用基于 BP 人工神经网络反演理论的反演结果相比常规的阻尼最小二乘法反演结果精度上要高，收敛性更好，对土石坝的渗漏隐患提示更为直观可靠。因此，地球物理探测方法为小型水库隐患探测提供了一条行之有效的、切实可行的实施路径。

5.3.3 小型水库隐患综合探测技术集成方法研究

小型水库安全隐患类型较多，单一的物探手段难以把土石坝的安全隐患完全探明，所以应开展综合探测技术的集成方法研究，充分利用各种探测方法的优点，综合多种探测技术，从而取得更好的探测效果。

5.3.3.1 适用性条件

目前常用的几种大坝无损探测技术均具有多解性与局限性，其适用性如下：

（1）瑞雷波分布在自由表面上，或者表面为疏松的覆盖层内，在目前的实际应用中，主要用于地层划分，地基加固效果评价，岩土的物理学参数原位测试，混凝土质量无损检测，地下空洞及掩埋物的探测，饱和砂土层的液化判别，场地类型划分等方面。瑞雷波在地层划分、地下空洞探测、地下介质密实性、均匀性等方面优势突出，因此能比较准确的探测小型水库土石坝内部空洞、低速软弱层等隐患。瑞雷波还有应用范围广、受场地影响小、检测设备简单、检测速度快等优点。瑞雷波速度值的大小可以反映介质的物理力学特性和存在状态，由此可对岩土的物理力学性质作出评价。但瑞雷波受自身方法的影响其探测深度有所限制，瑞雷波能量随着深度的增加能量衰减得比较快。瑞雷波的穿透深度约为一个波长，即波长不同，其探测深度也不同，波长与面波的频率有关，频率越高波长越短，探测的深度也就越浅。

（2）通用的地质雷达测量方法为剖面法，即发射天线和接收天线以固定间距沿测线同步移动，得到该测线的地质雷达时间-平距剖面图像，通过进一步数据处理，可得到深度-平距正演图像，对图像的频率、振幅、同相轴形状之分析来对图像进行解释，最终得到地质雷达探测成果图。当小型水库土石坝存在混凝土面板脱空、不密实区等安全隐患，该区域的介电常数就会发生变化，产生了物性的差异，为地质雷达探测提供了较好的地球物理基础，所以地质雷达对土石坝的这些安全隐患探测效果良好。特别是当土石坝混凝土面板出现脱空时，由于空气与凝土面板的介电常数差异较大，所以会产生较强的反射波。但地质雷达在探测时容易受到周围物体的干扰，特别是一些金属物体，对探测的结果和产生较大的影响，另外，由于地质雷达发射的是高频的电磁波，电磁波在地下的衰减很快，所以探测的深度有限制，探测深度一般在50m以内。

（3）高密度电法是在常规电法的基础上发展起来的，地层的不同岩层或同一岩层由于成分和结构等因素的不同，具有不同的电阻率。通过接地电极将直流电供入地下建立稳定的人工电场，在地表观测某点垂直方向及水平方向的电阻率变化，从而了解岩层的分布及地质构造特点。高密度电法能应用于水利水电工程中坝址、堤防工程地质探测、坝址堤防质量检测、检测坝基渗漏等；环境工程地质中滑坡调查边坡软弱夹层调查及冻土调查等。当小型水库土石坝中出现渗漏安全隐患时，该隐患区域的电阻率会出现很明显的变化，因此高密度电法探测技术在小型土石坝的渗漏安全隐患探测中效果显著。高密度法探测技术的缺点是对没有明显地电差异的地质体反应不太敏感，探测结果大多为定性分析，对渗漏量大小等参数无法进行定量分析。

5.3.3.2 集成方法研究

结合现有检测技术,本书总结提出小型水库大坝隐患探测综合物探技术体系遵循"先整体后局部、先普查后详查,各种物探技术取长补短、相互结合、互相验证、相互补充、相互约束"的探测原则。"先整体后局部、先普查后详查"是指:对于小型水库大坝,首先应该先从整体出发,对整体采用工作效率较高、探测深度大的物探技术,对可能存在的隐患区域进行大范围的普查;然后针对隐患可能存在的重点区域,再采用分辨率较高、准确性较高的物探技术进行精细化详细探测,实现对小型水库大坝隐患区域较准确的识别与定位。"各种物探技术互相结合、互相验证、相互补充、相互约束"是指:由于各种检测技术都有其多解性、局限性与适应性,并且单一的物探技术只能获取大坝的某一物理性质(弹性参数、电性参数等),因此需要采用多种不同物理类型,不同适用条件的物探技术进行综合探测,起到互相结合、互相验证、相互补充、相互约束的作用。具体实施方法为:采用地质雷达法和高密度电法对小型水库大坝整体进行大范围普查,初步确定隐患重点异常区域,结合异常区域的深度位置、范围大小,采用高密度电法和瑞雷波法对异常区域进行局部小范围详细探测,综合各种物探方法的探测结果,并结合工程地质、水文地质等多学科的分析,综合判断水库大坝的隐患性质与位置,最后对异常区域选取合适位置进行钻孔验证,采用跨孔地震 CT 层析成像法,可精准验证孔间异常区域的范围,为评估水库安全隐患探测提供依据。

5.4 技术设备性能与应用实践

5.4.1 CK‒RMS 小型水库安全动态监管系统性能指标与应用实践

CK‒RMS 小型水库动态监管系统集成了无线低功耗和手持式振弦采集设备,具有以下显著技术优势:

(1) 远程监视。可实现水库水位、降雨量、大坝变形、渗流、应力、视频图像、巡视检查等信息的远程监视和管理。

(2) 自动报警。水位、降雨量及其他效应量监测设施遭到恶意破坏行为时,通过图像识别功能,系统自动推送报警消息。

(3) 使用便捷。系统提供电脑、手机 App 和微信小程序 3 种接入方式,方便用户根据不同工作环境进行选择。

(4) 可扩展。系统可接入已建设自动化监测站点的水库数据,实现统一化管理。

（5）易维护。系统对现场设备工作状态进行监测，设备出现故障时能及时通知到运行维护人员；软件系统采用微服务架构设计，电脑端、App及微信小程序采用同一套数据服务，保证数据一致的同时，方便系统代码维护。

（6）云服务持续改进。系统以在线云服务的形式向用户提供数据服务，承建单位可根据水库管理新的需求不断增加新的功能，持续提升系统服务能力。

CK-RMS小型水库动态监管系统重点解决以下两方面的突出问题：

（1）解决小型水库管理不专业，管理不到位问题。以往小型水库多委托乡镇或村组进行管理，基层缺少专业的技术人员，即使有些水库建设了自动化监测设备，但由于缺少专业的运维人员，设备在过了承建方合同约定的质保期后疏于维护，无法持续发挥效益。CK-RMS小型水库动态监管系统，承揽了设备安装、数据服务及系统维护等工作，给水库相关管理人员提供了完整、可量身定制、可持续的信息化管理工具，让小型水库管理更高效、更专业。

（2）解决小型水库信息化建设一次性投入大，重建设轻运维的难题。由于经济条件限制，各地在进行水库信息化建设时，首先考虑的是更重要的大中型水库，小型水库往往数量庞大，一次性建设投资大，在没有上级专项资金支持下，会给地方财政带来压力，因此全国各地还有大量小型水库未实现自动化监测监控。部分经济相对发达地区，针对小型水库信息化项目采用分批建设，但许多建成后的系统由于后期缺少运维或是建设部门与运维部门职能调整无法持续发挥效益。CK-RMS小型水库动态监管系统，凭借完整自主知识产权优势，发挥规模效应，前期免费提供软硬件设备，以收取专业化运维服务费的方式逐步收回成本，减轻了基层地方政府一次性投资压力，同时保障了系统可持续化运行。

《CK-RMS小型水库动态监管系统》被列入《2020年度水利先进实用技术重点推广指导目录》，认定为水利先进实用技术。

5.4.2 大坝隐患探测技术性能指标与应用实践

小型水库隐患探测采用多种探测手段进行比单一手段效果要好，综合物探技术体系比单一技术更准确、更可靠。采用地质雷达法、瑞雷波法、跨孔地震CT层析成像法和高密度电法进行联合探测，各种技术互相结合、互相验证、相互补充、相互约束，实现对小型水库大坝的"先整体后局部、先普查后详查"的全覆盖技术方法，对于小型水库大坝内部空洞及渗漏等常见类型的隐患探测准确率可达 90％以上。该技术方法可为小型水库的现代化管理提供实用、可靠的专业技术支撑。

6 小型水库洪水预报与应急预警技术研究

6.1 小型水库洪水预报预警技术现状与技术需求

洪水预报和应急预警技术对小型水库安全运行具有重要作用。然而，小型水库的洪水预报是水文预报的薄弱环节和短板，面临着诸多问题与挑战。首先，小型水库一般气象水文资料匮乏，洪水预报模型难以构建；其次，小型水库入库洪水汇流时间短，预报难度大，加之库容有限，风险等级高。如何基于有限的数据资料，采用先进的技术手段和模拟方法提高洪水预报的精度并延长预见期是小型水库洪水预报的重中之重。气象水文耦合的洪水预报，即引入气象预报信息，通过与洪水预报模型相结合是实现小型水库洪水预报的有效途径。然而，该研究方法同样面临观测气象水文资料匮乏，洪水模型参数难以获得等问题；同时，数值气象预报产品往往空间分辨率低、模拟偏差大，无法直接与水文模型相结合，以实现有效的洪水预报。

本书针对以上难点问题，在充分挖掘降雨空间分布对小型水库流域产汇流模式影响机制的基础上，深入研究洪水预报模型参数敏感度的时空变化规律，通过构建不同时空尺度下敏感参数的后验分布，推求参数分布随时间和空间尺度变化的函数关系以及参数区域化方法，通过邻近有资料流域的相关信息，获取小型水库控制流域洪水预报模型的参数。针对数值气象预报产品空间分辨率低、偏差大的问题，提出降水预报的降尺度和偏差校正技术，获取小型水库控制流域高分辨率和高精度的降水预报数据，以此建立耦合气象降水预报的入库洪水预报方法。同时，由于临界雨量计算是确定小型水库雨量预警指标的关键环节，也是水文应急预测预警的重要支撑，本书提出了小型水库洪水临界预警雨量计算方法，分析了水位预警指标及主要不确定性来源，提出了小型水库洪水预警指标；并在此基础上提出了分洪与溃口洪水事件的应急监测、水文分析计算和预报预警技术。

6.2 基于参数时空变化规律的小型水库径流模拟方法

流域水文过程在不同时空下表现出不同的规律和特征，使得对水文过程进行概化描述的水文模型也具有明显的时空不均匀性。不同时空尺度下水文模型的参数往往不能直接移用，需要分析模型参数的尺度效应，探究模型参数在不同时空尺度间的转移问题，寻求无资料小型水库入库径流模拟模型的建立途径和方案，主要技术路线如图 6-1 所示。

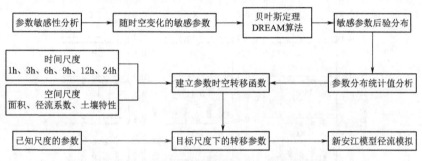

图 6-1 小型水库径流模拟方法的技术路线

6.2.1 典型流域概况

建溪是闽江上游三大溪中最大的溪流，发源于武夷山的仙霞岭，由崇溪、南浦溪和松溪三大水源组成，整个流域面积为 14787km²。该流域处于亚热带季风气候地区，空气湿润，降水充沛，年平均降雨量约为 1800～2200 mm，年径流量为 164 亿 m³。本书根据实测水文资料以及流域地形特征，利用建溪流域 DEM 图（数字高程模型）划分了 8 个子流域，用于研究武夷山子流域中的两个无资料小（1）型水库（连墩电站水库和龙门电站水库）的水文模型参数估算。

6.2.2 新安江模型参数敏感性分析

以福建闽江建溪流域为研究对象，在不同时间尺度（1h、3h、6h、9h、12h 和 24h）和空间尺度下建立新安江模型进行径流模拟，利用 Sobol 敏感性分析法（Sobol，1993；齐伟 等，2014；张小丽 等，2014）研究参数的敏感性以及随时空尺度的变化规律，比较分析不同子流域和时间尺度下的敏感性。所有参数在不同时间和空间尺度上的总敏感度如图 6-2 所示，总敏感度大于 0.1 的可看为敏感参数。从图 6-2 中可以看出，当目标函数为 NSE 时，敏感参数为 KE、SM、KI、KG、CI、CG、N 和 NK。同时，当目标函数为 RE 时，灵敏度参数为 KE 和 CG。NSE 反映了观测和模拟过程的拟合优度，与蒸散量、径流分离和径流演算参数有着密切的关系；而 RE 主要反映了观测过程线与模拟过程线之间水量平衡的相对误差，与蒸散量和流量演算参数的关系更为密切。分析可知，蒸散发参数和分水源参数敏感性表现出明显的时间特征，随着时间尺度的增大，KE、SM、KI 和 KG 的敏感性降低而 CI 和 N 的敏感性升高；汇流参数的敏感性表现出较强的空间特征，随着空间尺度的增大，NK 的敏感性增大而 CG 的敏感性降低。

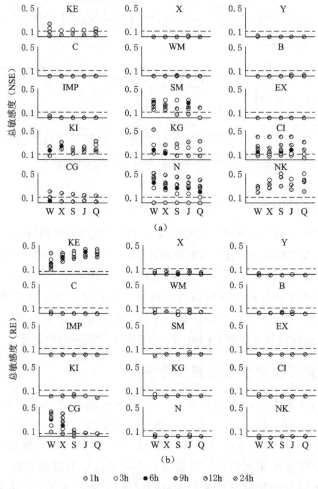

图 6-2　不同时空尺度下新安江模型参数敏感性变化

6.2.3 不同时空尺度下敏感参数的后验分布

根据贝叶斯理论，通过统计方法从参数的联合分布中抽样，从样本中获取模型参数的边缘分布，从而求出参数的后验分布。DREAM 算法从多个不同的搜索起点同时产生多条平行的马尔科夫链，使得马尔科夫链充分遍历参数空间，从而搜索到全局最优解。同时 DREAM 算法在搜索的过程中能够自适应地调整搜索方向和步长，从而有效地提高算法的搜索效率。凭借算法超强的全局收敛能力和鲁棒性，DREAM 算法被广泛应用于复杂系统的估计以及后验分布的推求等各个领域（Vrugt et al.，2009；Laloy and Vrugt，2012；曹飞凤和尹祖宏，2015）。根据贝叶斯理论，采用 DREAM 算法抽样，对模型敏感参数（KE、SM、KI、KG、CI、CG、N 和 NK）进行后验分布的推求。待 8 条马尔科夫链充分混合并收敛后，取每条链收敛后的 1000 组参数，共计 8000 组参数统计模型各参数的分布，得到不同时空尺度下各敏感参数的后验分布如图 6-3 所示。

从图 6-3 中可以看出，除 KE 和 SM 外，其余敏感参数在每个子流域的时间尺度的后验分布中是一致的。随着时间尺度变大，KI 和 KG 的值增加而 CI、CG、N 和 NK 减少。与高水位相关的 KI 和 KG 值越高，自由水流动越快。然而，与低水位相关的 CI 和 CG 的价值越低，水衰退的时间越长。N 和 NK 是瞬时单位线参数，小值表示大峰值。此外，KE，SM，KI，KG，CI，CG 的 95％置信区间宽度不断增加，而 N 和 NK 基本不变。输入水文序列的长度缩短，数据汇总到较大的时间步长，序列中包含的信息也逐渐减少，导致参数不确定性增加。

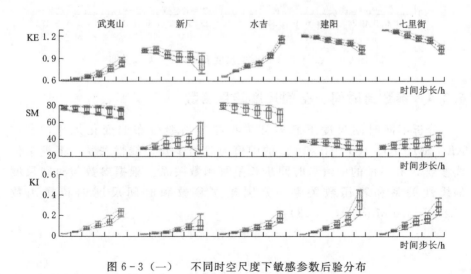

图 6-3（一）　不同时空尺度下敏感参数后验分布

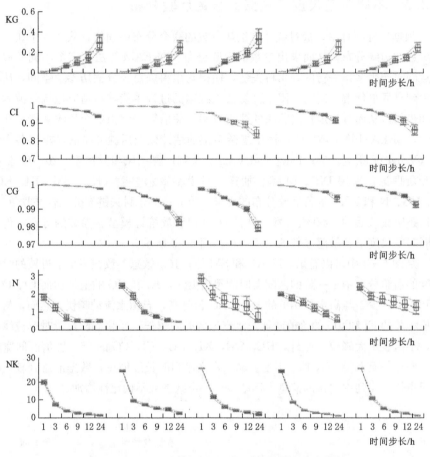

图 6-3（二）　不同时空尺度下敏感参数后验分布

6.2.4　参数跨时间、空间尺度转移函数

分析不同时间尺度下新安江模型参数后验分布的变化规律，参数 KE、SM、KI、KG、CI 和 CG 的中值与时间步长呈线性关系，汇流单位线参数 N 和 NK 的中值与时间步长呈幂函数关系。根据参数与时间尺度的线性关系和幂函数关系，分别建立参数和时间尺度的转换函数（Bastola and Murphy，2013）：

$$\theta' = \theta + K(T' - T) \qquad (6-1)$$

$$\theta' = \left(\frac{T'}{T}\right)^{\beta} \cdot \theta \qquad (6-2)$$

式中：θ' 为目标时间尺度 T' 待求的参数值；θ 为已知时间尺度 T 下的已知的参数值；K 和 β 为线性和幂函数转化方程的时间转化系数。

基于参数后验分布中值和流域的特征值建立空间转移函数，公式如下：

$$Z' = Z + \mu_1(S' - S) + \mu_2(\alpha' - \alpha) + \mu_0 \qquad (6-3)$$

式中：Z 和 Z' 为已知空间尺度下的已知参数值和目标空间尺度待求的参数值；S 和 S'、α 和 α' 为空间转换的两个流域的面积和径流系数；μ_0、μ_1 和 μ_2 为空间转换系数。

根据上述关系可以基于敏感参数将分布的中值与时空尺度之间建立显著的函数关系，拟合优度（R^2）基本上都超过 0.9。在得到参数与时空尺度的定量函数转换关系之后，便可以根据已知时空尺度的模型参数，推求其他尺度下的模型参数，从而实现不同时间尺度间模型参数的转移。通过将后验分布参数及定量转化后的参数代入新安江模型中模拟径流过程，以 NSE 为指标评价模拟径流的精度，分析模型参数跨时间、空间尺度转移的可能性，结果如图 6-4、图 6-5 所示。

根据图 6-4 可以得知在每个时间尺度上，使用自身后验分布参数的 NSE 中位数高于使用其他尺度转移参数的 NSE 中位数。此外，转换的规模差距越大，NSE 的损失越明显。同时，当参数从更大的时间尺度转移时，模型性能的 95% 置信区间变宽，不确定性增加。此外，随着流域面积的增大，利用后验分布参数和不同时间尺度传递参数的模拟结果的精度逐渐提高。这是因为流域面积增大，雨量站站点变多，因此作为新安江模型驱动数据的平均面雨量误差较小，有助于提高径流模拟的精度。根据图 6-5 的结果发现如下。①当参数由大流域向小流域转移时，模型性能的损失随着面积差异的增大而增大。但是，在大时间尺度下的损失显著减少，这表明在大时间尺度下参数从大流域向小流域的空间传递比在小时间尺度下更为可靠。②当参数从一个小流域转移到一个大流域时，结果类似，随着流域大小的差异变大，模型性能的损失会增加。③参数在相似流域之间转移时，模型性能的损失没有显著差异，不确定性也很接近。一般来说，在大多数时间尺度上，相似流域间参数传递造成的模型 NSE 损失较小。

根据图 6-5 的结果发现：

（1）当参数由大流域向小流域转移时，模型性能的损失随着面积差异的增大而增大。但是，在大时间尺度下的损失显著减少，这表明在大时间尺度下参数从大流域向小流域的空间传递比在小时间尺度下更为可靠。

（2）当参数从一个小流域转移到一个大流域时，结果类似，随着流域大小的差异变大，模型性能的损失会增加。

（3）参数在相似流域之间转移时，模型性能的损失没有显著差异，不确定性也很接近。

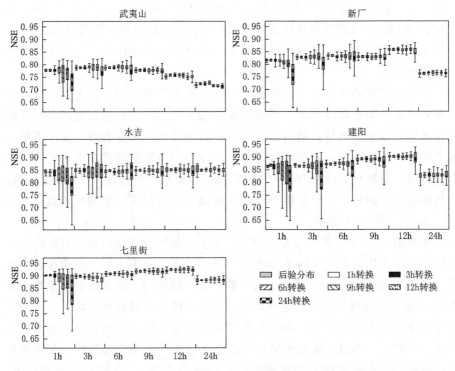

图 6-4　不同时间尺度转换的参数的 NSE 箱线图。从左到右表示使用后验分布
参数、1h、3h、6h、9h、12h 和 24h 转移的参数模拟精度的 95％置信区间

一般来说，在大多数时间尺度上，相似流域间参数传递造成的模型损失小于 0.05，而 NSE 的 95％置信区间差异不大，因此空间参数传递的结果可以有效地用于径流模拟。经验证参数跨时空尺度转移能力良好，从大尺度向小尺度转移时模型不确定性增加；参数跨流域转移的效果受流域面积差异影响，具有较强空间特征的参数如 NK 和 CG，在跨流域转移时对模型的性能和不确定性影响很大。为了更加直观地比较经不同时空尺度间参数定量转化关系转化后的参数对实测径流的模拟情况，选取了 3 场大中小洪水，计算并绘制模拟径流 95％置信区间如图 6-6 所示。从图 6-6 可以看出，随着洪水频率的降低，中值 NSE 增大，ARIL 减小，这表明与观测径流的拟合较好，模型性能的不确定性较小。

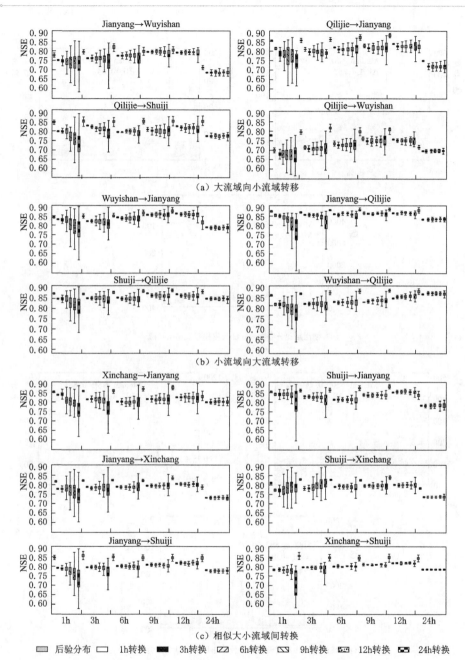

图 6 - 5　不同时空尺度下传递参数的 NSE 箱线图。箭头方向表示空间转移的方向，从左到右表示后验分布参数、从其他流域的 1h、3h、6h、9h、12h 和 24h 尺度转移的参数模拟精度的 95% 置信区间

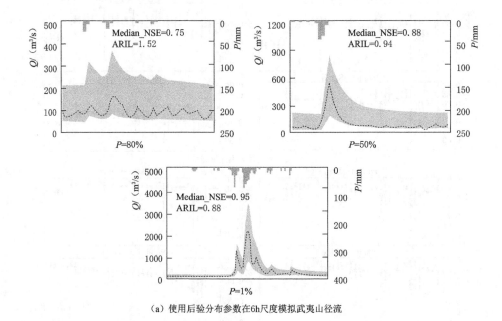

（a）使用后验分布参数在6h尺度模拟武夷山径流

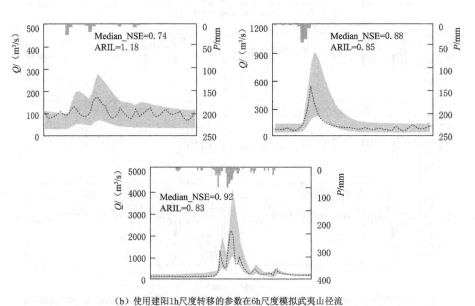

（b）使用建阳1h尺度转移的参数在6h尺度模拟武夷山径流

图6-6（一） 采用后验分布参数、时空转移参数（从大流域1h尺度转移到小流域6h尺度）
模拟3个典型洪水过程，浅灰色阴影区域表示参数和模型不确定性的95％置信区间

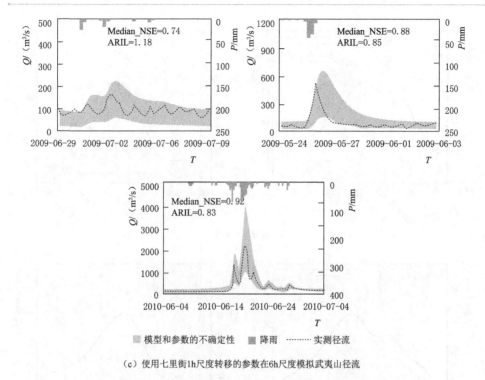

■ 模型和参数的不确定性　■ 降雨　······ 实测径流

(c) 使用七里街1h尺度转移的参数在6h尺度模拟武夷山径流

图 6-6（二）　采用后验分布参数、时空转移参数（从大流域 1h 尺度转移到小流域 6h 尺度）模拟 3 个典型洪水过程，浅灰色阴影区域表示参数和模型不确定性的 95% 置信区间

6.2.5　基于空间转移参数的小型水库径流模拟

连墩电站水库和龙门电站水库都是武夷山市的小（1）型水库，主要功能是发电防洪。连墩电站水库位于崇阳溪上游西溪流域干流，属于西溪流域梯级开发的 7 座水电站之一，坝址以上控制流域面积 148km²。基于上述内容建立的空间转移函数，根据水库的控制面积和地理位置，将建溪流域各子流域的参数转移到连墩电站水库和龙门电站水库，结合建溪流域 2019 年 5—9 月的降雨数据利用新安江模型对这两个水库进行径流模拟，模拟结果如图 6-7 所示。

根据图 6-7 中结果可以发现，5 月 30 日的降水有两个雨峰，因此两水库的入库洪水流量过程线上也出现了两个洪峰，且洪峰的峰现时间滞后于雨峰。两个水库的流量对降雨变化很敏感，这是因为控制面积小，流域调蓄能力较差，降雨数值的变动对径流数值变化的影响很大，所以涨水退水过程都不是特别的平稳。通过建立转移函数实现跨流域的水文模型参数的转移，为预报小型水库的流量提供了可能。

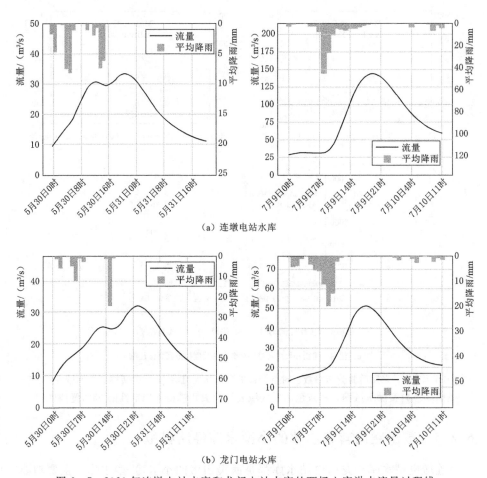

图 6 - 7　2020 年连墩电站水库和龙门电站水库的两场入库洪水流量过程线

6.2.6　无资料地区水文模型参数估算方法研究

目前对无资料地区径流预报常用的方法为区域化方法。该方法是在一定范围内，将有资料流域的水文信息比如水文模型参数通过一定的方法移植到无资料流域，从而实现对无资料流域的预报，由于区域化方法能够利用流域下垫面特征值等信息，所以能够有效地降低不确定性影响，从而提高预报精度。在本书中主要使用了空间邻近法和全局平均法（许崇育 等，2013）。空间邻近法直接以地理上相近的有资料流域的模型参数作为本流域的模型参数；全局平均法将研究区域内，各有资料流域模型参数的平均值移植到无资料流域进而进行水文模拟。将建立的区域化方法应用到两个无资料水库，结合建溪流域 2019 年 7

月的降雨数据利用新安江模型进行径流模拟，结果如图6-8所示。可以看出，空间邻近法和全局平均法在两个水库的模拟结果很接近，洪峰大小和峰现时间基本一致，说明两种参数区域化方法在该流域具有相似的表现。

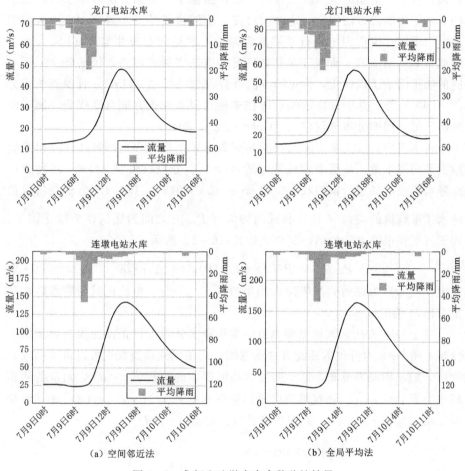

（a）空间邻近法　　　　　　　　　　（b）全局平均法

图6-8　龙门和连墩水库参数移植结果

6.3　耦合气象降雨预报的小型水库入库洪水预报技术

6.3.1　降水预报偏差校正技术

从数值气象预报模式中获得的降水预报数据存在着分辨率过低和系统偏差大等问题。在为研究流域提供降水预报时，需要对数值气象预报模式的原始输出进行空间降尺度和偏差校正，特别是偏差校正已成为数值气象预报的主要后处理方法（Chen et al.，2013；Chen and Brissette，2015）。该方法一般将降水预报产品映射到观测数据的站点或网格尺度上，然后对预报产品进行偏差校正。常用的偏差校正方法一般包括基于均值的方法和基于分布的方法。基于均值的方法假设一定时间尺度上不同量级的降水具有大小一致的偏差，采用同一校正因子进行平移或者缩放，常见的有线性缩放（LS）、方差缩放（VS）等方法；而基于分位数匹配的方法则针对不同量级的降水采用不同的校正因子予以校正，常见的方法有分位数映射法（QM）、日偏差校正方法（DBC）等，其中分位数映射法在非独立误差校正方面具有优势，能对降水的数值和频率分布进行校正（Chen et al.，2013）。

在本书中，首先基于降水观测站点数据采用泰森多边形算法计算得到流域面平均降水量，然后采用线性缩放（LS）和分位数映射（QM）两种方法对降水预报产品进行偏差校正（Chen et al.，2013），其中 LS 方法是将数值降水预报数值的均值（$\overline{P}$）和观测均值（$\overline{P_{obs}}$）之间的比例作为校正因子，用于校正预报降水的均值，其公式如式（6-1）所示：

$$P_{cor}(t) = P(t) \times (\overline{P_{obs}}/\overline{P}), \; t = 1,\cdots,h \qquad (6-1)$$

式中：$P(t)$ 为原始的数值降水预报数据；$P_{cor}(t)$ 为校正后的数值降水预报数据，t 为时间。

对于 QM 方法，其根据观测值的累积概率分布去校正预测值的累积概率分布。图 6-9 为分位数匹配方法示意图，利用模式预报数据可以得到的气象变量 x 的累积概率分布，对于变量 x 在时刻 d 的预报值 $x_f(d)$，对应的累积概率为 $P_c[x_f(d)]$。在观测数据累积概率分布 $P_o(x) = P_c[x_f(d)]$ 中找到变量 x 的对应值 $x_{fcorr}(d)$，并作为模式校正预报值 $x_f(d)$。

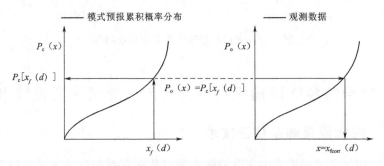

图 6-9　分位数匹配方法示意图

本书将首先使用一定数量的降水场次数据率定两种偏差校正方法的参数，然后采用统计指标（如相对误差）评价不同后处理方法在提升降水预报能力方面的表现，从中选择适用于研究流域降水预报的偏差校正方法，然后使用该方法对 GRAPES－3km 实时降水预报进行后处理，生成高时空分辨率的降水预报产品，进而保证径流预报模型输入信息的准确性。

6.3.2　入库洪水预报模型

数值降水预报产品可以为小型水库提供未来一定预见期的降雨预报值。一方面，通过与小型水库临界雨量或预警雨量临界线对比，确定潜在的洪涝风险等级，从而实现洪水风险的预报预警；另一方面，预报降雨可以作为入库洪水预报模型的输入，通过洪水预报模型推求一定预见期内的洪水过程，从而实现洪水风险的预报预警。然而，对小型水库而言，一般缺少水位、流量等水文资料，无法根据观测资料率定洪水预报模型的参数，6.2 节中小型水库径流模拟方法为小型水库入库洪水预报模型的建立提供了可能。通过构建小型水库入库洪水预报模型，以偏差校正后数值降水预报产品作为模型输入，预报未来时期的洪水过程，与流域临界雨量和水库汛限水位等相结合，可以实现小型水库洪水的预警。

6.3.3　实例展示

根据建溪流域观测站点降雨资料，由泰森多边形得到水库控制流域 2020 年 5—8 月逐小时流域面平均降雨。选取 0 时发起的 GRAPES－3km 数值降雨预报模型逐小时模拟预报降雨，采用的预见期为 1～24h，提取与观测数据对应时段的预报结果。使用 LS 方法和 QM 方法对 GRAPES－3km 模型预报的各预见期降雨分别进行偏差校正。

根据场次降雨资料，选取 2020 年 5 月 30 日 0—8 时和 7 月 9 日 0—19 时两场具有代表性的降雨作为典型降雨进行结果展示。2020 年 5—8 月其余场次降雨作为偏差校正的率定期。率定期两种偏差校正方法均能较好地校正 GRAPES－3km 预报的降雨量，且两者对于降雨均值的校正效果相似，校正后相对误差均小于 5%，但在极值校正方面，QM 方法明显优于 LS 方法，主要是由于 QM 方法在采用分布拟合时专门考虑了极端降雨的校正。检验期，偏差校正前后两水库降雨指标统计见表 6－1，与率定期类似，两种方法均能较好地校正降雨均值，而对于极值，使用 LS 方法校正后两水库检验期降雨极大值误差分别减小了 55% 和 14%，但误差仍然较大，校正效果有待进一步提高。主要由于 LS 方法没有专门针对极端降雨进行校正。同时，两种偏差校正方法均基于数值气象预报偏差一致性的假设，即假定率定期和验证期预报降水的偏差的大小是相等的，而实际上两个时段的偏差可能具有非一致性，这对于极值尤为明显，这可能是两种方法均不能很好校正极值的主要原因。图 6-10 为检验期场次降雨过程，两水库 5 月 30 日的降雨过程如图 6-10（a）、图 6-10（c）所示，模型基本能捕捉到该次降雨，经过偏差校正成功预测降雨极大值出现的时间，且降雨总量基本和观测一致。而对于如图 6-10（b）、图 6-10（d）所示 7 月 9 日的降雨，模型预报并校正得到的逐小时降雨强度变化规律与观测相似，但对降雨时间的预报不够准确，例如对于 5 月 30 日模型预报降雨时间比观测降雨时间晚 1h，而对于 7 月 9 日模型预报降雨时间总体比观测降雨时间提前了 4h 左右。偏差校正方法均只能校正降雨量，而无法校正降雨发生时间。综上，两种偏差校正方法均能一定程度上校正场次降雨总量，QM 方法在降雨极值校正方面表现更好。

表 6-1　连墩与龙门电站水库检验期偏差校正前后两水库降雨指标统计

单位：mm

指　标	观测	GRAPES 模拟	LS 校正后	QM 校正后
连墩平均值	5.61	2.25	5.95	5.71
相对误差	—	−59.80%	6.07%	1.88%
连墩最大值	46.01	13.82	39.19	28.12
相对误差	—	−69.97%	−14.82%	−38.89%
龙门平均值	3.68	2.36	4.88	4.01
相对误差	—	−35.89%	32.34%	8.76%
龙门最大值	19.81	10.86	23.22	15.82
相对误差	—	−45.17%	31.48%	−17.16%

图 6-11 展示了检验期两水库的降雨累积分布曲线，对于连墩电站水库，基于 QM 方法得到的降雨累积分布曲线总体更接近观测，特别是在降雨量较小时预报更好；而对于龙门电站水库，基于 QM 方法得到的降雨累积分布曲线在降雨量较小时预报结果偏大而降雨量较大时预报结果偏小。

为了进一步展示预报的入库洪水过程，本书采用三水源新安江模型进行入库洪水预报。通过使用全局敏感性定量分析方法获得三水源新安江模型的敏感性参数，在有资料流域率定后，采用上一节中优选的空间邻近法将其移植到"无资料"流域，而不敏感参数则采用多个有资料流域模型参数的平均值替代。新安江模型及其参数获取的方法在 6.2 节均进行了详细描述，此节不再赘述。

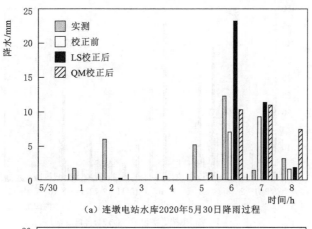

（a）连墩电站水库2020年5月30日降雨过程

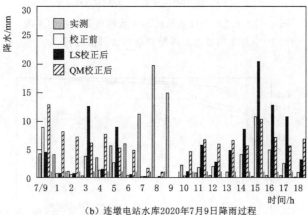

（b）连墩电站水库2020年7月9日降雨过程

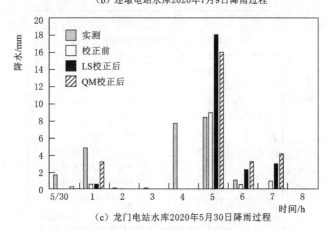

（c）龙门电站水库2020年5月30日降雨过程

图6-10（一）　校正前后基于数值气象预报的连墩
与龙门电站水库检验期场次降雨过程

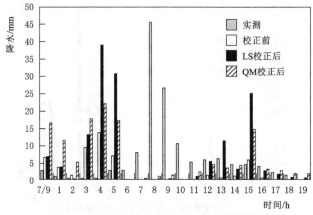

（d）龙门电站水库2020年7月9日降雨过程

图6-10（二） 校正前后基于数值气象预报的连墩
与龙门电站水库检验期场次降雨过程

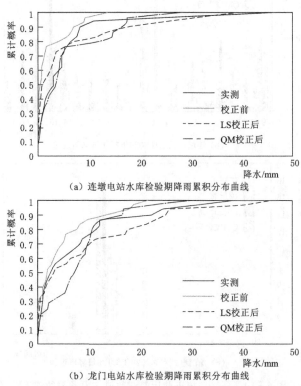

（a）连墩电站水库检验期降雨累积分布曲线

（b）龙门电站水库检验期降雨累积分布曲线

图6-11 连墩与龙门电站水库检验期降雨累积分布曲线

基于模拟并校正得到的场次降雨数据，选择通过参数区域化方法得到的该区域的新安江模型参数，模拟两水库的场次入库洪水过程，结果如图6-12所示。对于5月30日的降水，两水库的入库洪水流量过程线相近，均在13时左右出现洪峰，使用LS方法峰值分别为15.6m³/s和15.1m³/s，使用QM方法峰值分别为16.4m³/s和12.4m³/s。对于7月9日的降水，连墩电站水库洪峰出现在9日11时左右，使用LS方法和QM方法得到的峰值分别为56.6m³/s和51.8m³/s，龙门电站水库洪峰出现在9日22时左右，使用LS方法和QM方法得到的峰值分别为27.9m³/s和23.8m³/s，总体来看，基于QM方法得到的降雨模拟的流量峰值略小于LS方法，涨水和退水的过程也更平缓。

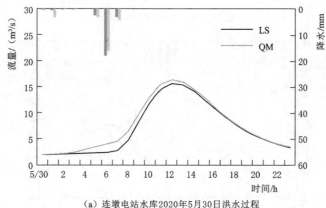

（a）连墩电站水库2020年5月30日洪水过程

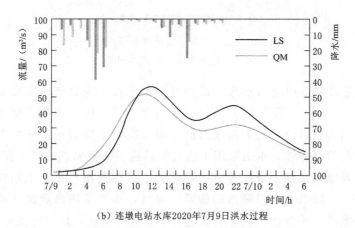

（b）连墩电站水库2020年7月9日洪水过程

图6-12（一）　基于数值气象预报的连墩
与龙门电站水库入库洪水过程

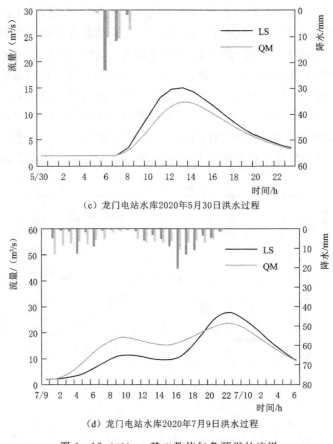

（c）龙门电站水库2020年5月30日洪水过程

（d）龙门电站水库2020年7月9日洪水过程

图6-12（二）　基于数值气象预报的连墩
与龙门电站水库入库洪水过程

　　由于连墩和龙门电站水库均缺少观测的水位、流量等水文资料，无法直接检验图6-12中预报的洪水过程的精度，且全国大部分小型水库均具有类似的问题。然而，洪水预报的精度主要取决于降雨预报的精度以及洪水预报模型的可靠性。本书采用中国气象局提供的最先进的降雨预报产品，在时空分辨率以及预报精度等方面都超越了以往预报产品；采用偏差校正方法，进一步降低了预报降雨的偏差。同时，本书采用参数区域化方法获取洪水预报模型的参数，该方法已进行了充分的验证，且具有良好的效果。因此，本书中所提供的洪水预报方案是可行的，可以为小型水库提供预报预警信息。

6.4 小型水库临界雨量和水位应急预警指标

6.4.1 临界雨量计算方法及合理性分析

临界雨量计算是确定雨量预警指标的关键环节，主要计算方法有试算法、降雨-洪峰流量关系插值法、土壤饱和度-降雨量关系法、经验估计法、降雨分析法和模型分析法等。其中，模型分析法建立在自动监测站网和具有物理概念的流域水文模型基础上，全面考虑流域降雨、流域下垫面、土壤含水量等关键要素，可对流域内各个沿河村落、集镇、城镇等防灾对象控制断面的洪水过程进行模拟，一般能得到较为详细和可靠的雨量预警指标信息，从而推求防灾对象预警雨量临界线（如图6-13所示）。下面简述单站和区域临界雨量计算方法及合理性分析。

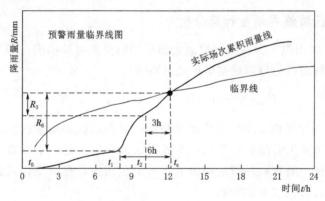

图6-13 防灾对象预警雨量临界线图

6.4.1.1 单站临界雨量计算分析

不同站点相同时间段的临界雨量不尽相同，与各站点所在区域地质、地形、前期降雨量及气候条件等不同有关。地形陡峭，土壤吸水能力较好，前期降雨量小，年雨量较大的地区，临界雨量就较大，相反则临界雨量就较小。同一站点不同时间段的临界雨量，能反映该站点对于不同时间段最大降雨的敏感程度，因此需要对各时间段的临界雨量进行综合分析，并结合山洪灾害调查资料，确定影响山洪灾害发生的重要时间段。因过程总雨量也有临界值，实际工作中，各时间段临界雨量必须一起综合使用，但只要有一个时间段降雨将超过其临界值，就说明有可能发生山洪灾害。

83

可以将区域内各站同一时间段的临界雨量进行统计分析，计算平均值见式（6-2）：

$$\overline{R_t} = \frac{\sum_{i=1}^{s}(R_{ti临界})}{S} \quad (t = 10\text{min}, 30\text{min}, \cdots, 过程雨量) \quad (6-2)$$

式中：$\overline{R_t}$ 为区域内大范围的平均情况。

统计最小值见公式（6-3）：

$$R_{t\min} = \min(R_{ti临界}) \quad (i=1, \cdots, S) \quad (6-3)$$

式中：$R_{t\min}$ 为区域内致灾降雨强度的必要条件，即只有当区域内至少有一个站雨强超过 $R_{t\min}$ 时，区域内才有可能发生山洪灾害。

统计最大值见式（6-4）：

$$R_{t\max} = \max(R_{ti临界}) \quad (i=1, \cdots, S) \quad (6-4)$$

式中：$R_{t\max}$ 为区域内发生山洪灾害的充分条件，即当区域内每个站雨强都超过 $R_{t\max}$ 时，区域内肯定会有大范围山洪发生。

6.4.1.2 区域临界雨量计算分析

统计 N 次山洪灾害各时间段最大面平均雨量值的最小值，即为各时间段小型水库流域山洪临界雨量初值见式（6-5）：

$$\overline{R_{t临界}} = \min(R_{ij}) \quad (i=1, \cdots, N) \quad (6-5)$$

式中：$\overline{R_{t临界}}$ 为流域内面平均临界雨量初值，因影响临界雨量的因素多，因此各次激发灾害发生的雨量均不同，临界雨量的取值不是一个常数，而是有一个变幅，变幅一般在临界雨量初值上下一个区间内，在该变幅内流域内有一定数量的灾害场次（N 次中）。

小型水库流域山洪灾害临界雨量，可作为判断流域内有无山洪灾害发生的定量指标，因在统计山洪灾害次数时，只要流域内有 1 个站发生了山洪灾害，就认为流域内有山洪灾害发生。因此，它无法判别流域内受灾面积的大小及灾害严重程度，但这种方法对资料要求不高，对于雨量站密度相对较小的流域比较适用。

6.4.1.3 临界雨量合理性分析

合理性分析是预警指标成果校核的重要内容，可采用以下方法，进行预警指标的合理性分析：

（1）与当地山洪灾害事件实际资料对比分析。即用当地山洪灾害发生的事实资料进行预警指标的合理性检查。

（2）将多种方法的计算结果进行对比分析。以尽量避免因某一种方法的不确定性而产生的较大偏差。

（3）与流域大小、气候条件、地形地貌、植被覆盖、土壤类型、行洪能力等因素相近或相同防灾对象的预警指标成果进行比较和分析，对预警指标成果进行合理性检查。

根据山洪灾害调查评价成果中湿润、一般、干旱等不同前期影响雨量下的临界雨量，插值计算与该场洪水相同前期影响雨量下的临界雨量。按式（6-6）计算成灾洪水特征雨量与临界雨量的偏离度：

$$偏离度 = \left| \frac{临界雨量 - 成灾洪水特征雨量}{成灾洪水特征雨量} \right| \times 100\% \qquad (6-6)$$

其中，临界雨量应采用与成灾洪水特征雨量相同前期影响雨量下的临界雨量值。

6.4.2　水位预警指标计算方法

小型水库流域山洪灾害水位预警是通过分析防灾对象所在地上游一定距离内典型地点的洪水位，将该洪水位作为预警指标的方式，同时保证山洪从上游演进至下游防灾对象的时间不应少于转移时间，否则因时间过短失去了预警意义。成灾水位是居民聚居区内发生山洪灾害的最低水位，山洪灾害调查中以沿河村落最低宅基地高程作为成灾水位。对于沿河呈条带形分布的村落，河道纵断面较长，对于某处位于河流滩地高程较低的房屋，以其高程作为成灾水位不能代表村落的普遍情况，由此成灾水位为基础计算出的预警指标存在误差。下面简述水位预警指标及预警时段确定方法。

6.4.2.1　水位预警指标确定方法

水位预警方式应具备两个条件：预警对象控制断面上游某地能观测水位，且上下游水位具有相应关系；从时间上来讲，预警时间要大于转移所需要的最少时间。水位预警指标的分析常采用上下游相应水位法确定上游临界水位，临界水位一般即为立即转移水位预警指标。准备转移水位预警指标则根据防治对象人口数量、安置点及转移路线情况、水位变化速率、洪水传播时间等确定。

结合小型水库入库洪水预报模型，可以采用相应水位法。该方法中，洪水波同一位相点（如起涨点、洪峰、波谷等特征点）通过河段上下游断面时表现出来的水位，彼此成为相应水位，从上断面至下断面所经历的时间为传播时间。与下游预警对象控制断面成灾水位相应的上游观测断面水位为临界水位。同时，临界水位的确定可以采用上下游水位相关分析法，还可采用其他常用的水面线推算和适合山洪的洪水演进方法确定。除此之外，还可根据同一场次上下游洪痕水面比降，推算上游水位观测断面的相应水位作为临界水位。

6.4.2.2 预警时段确定方法

预警时段指洪水预警指标中采用的典型降雨历时，是雨量预警指标的重要组成部分。受小型水库上游集雨面积大小、降雨强度、流域形状及其地形地貌、植被、土壤含水量等因素的影响，预警时段会发生变化，因此，需要合理地确定。在山洪灾害分析评价中，预警时段确定原则和方法如下：

（1）最长时段确定：将小型水库所在小流域的流域汇流时间作为每个流域沿河村落预警指标的最长时段。

（2）典型时段确定：针对每个沿河村落，对于小于最长时段典型时段的确定，根据小型水库所在地区暴雨特性、流域面积大小、平均比降、形状系数、下垫面情况等因素，确定比汇流时间小的短历时预警时段，如 1h、3h 等，一般选取 1~2 个典型预警时段。假设汇流时间为 6 h，则一般给出 1h、3h、6h 的临界雨量。

（3）综合确定：充分参考前期基础工作成果，结合流域暴雨、下垫面及河道特性以及历史山洪情况，综合分析小型水库所处河段的河谷形态、洪水上涨速率、转移时间及其影响人口等因素后，确定各小型水库的各个典型预警时段，从最小预警时段直至流域汇流时间。

6.5 小型水库应急预警与应急分析计算

小型水库水情应急预测预警主要是为突发溃坝等突发性灾害的抢险救灾提供技术支撑，本节简单介绍应急预警和应急分析计算的主要内容。

6.5.1 应急预警主要内容

针对不同灾害和突发性事件，应急预测预报有不同的内容，基本内容包括洪峰水位/流量预测预警、水量预测预警等。现对应小型水库分洪/溃口、堰塞湖、水污染等应急事件预测预警内容分别概述如下：

（1）分洪/溃口预测预警内容。对于小型水库溃口预报，由于事发突然，溃口位置有极大的不确定性，信息不完善，根据监测内容和当地具体情况可以进行溃口形态、溃口下泄流速、溃口流量、溃口分洪水量、溃口分洪时间的预报。

（2）堰塞湖预测预警内容。小型水库溃坝或者上游受地震或泥石流影响，可能形成堰塞湖。其发生时间短，对上下游危害都比较大，发生地上游由于河道被阻断形成壅水，淹没上游城镇，下游又受溃坝威胁面临危险。堰塞湖发生之初，由于其不稳定性，首先要根据监测数据分溃决方式（1/2溃、全溃等）进行溃口洪量预报，预报溃口后下游河段流量、淹没范围和时间等（参见溃口预测预报部分），并制定相应应急撤离方案。堰塞湖溃坝险情排除以后，根据堰塞湖的不同情况，预测预报信息应包括入库流量、出库流量、库水位及蓄水量变化等。当有降雨过程或上游来水发生时，还需要进行洪峰流量预报和峰时预报，必要时要进行与下游洪水遭遇预报，并提出应对建议。

（3）水污染事件预测预警内容。通过流量过程预报污染物向下扩散时间、扩散面积、确定污染范围、污染程度及对下游取水口等所造成的影响。对突发污染模拟需要给定污染物类型、发生时间、地点、浓度等参数，来预报水污染事故造成的污染物随时间变化的污染路径、污染物随时间变化的污染影响程度，为决策部门提供决策支持。

6.5.2　应急分析计算主要内容

鉴于突发性自然灾害下的应急防洪调度决策的复杂性、动态性、不确定性、紧迫性等特点，应急防洪实时调度已成为重要的应用研究课题。水文应急计算可以为防洪决策提供技术支持，它可以提高实时调度的时效，有利于及时地、迅速地做出防洪调度决策，提高防洪减灾的实际效果。水文应急计算首先应具有明确时效性要求，即从资料（信息）采集、针对应急水情预测预报及防洪调度方案的水文分析计算所需时间应短于洪水预报的预见期，否则无法及时做出调度决策的调整和实施。另一方面是计算成果的可靠性要求，根据应急情况下水情和工情进行的水文分析计算成果用来做出面临时段及未来一定时段的洪水调度决策，一旦成果出现重大偏差就会造成严重后果。因此要求尽量采用简便、实用和成熟的计算方法，适当保守取用计算参数。需要进行综合分析，对采用的成果进行评价，确保成果的可靠性。

小型水库水文应急分析计算主要包括以下几个方面的内容：工程地点处河流的设计流量；设计流量过程；水库（堰塞湖）水体突然泄放时的初瞬流态、坝址最大下泄量、溃坝洪水过程线，溃坝洪水向下游演进；堰塞湖的调洪计算；分蓄洪工程的进出口门、河道过流能力，分蓄洪区的容蓄量；防洪控制点的水位流量关系。对于采取山凹、副坝临时破口泄洪的应急措施，应考虑相应的溃坝洪水将给下游造成的严重灾害。一般应进行溃坝洪水计算，推求洪水可能流经的途径、淹没范围、洪水传播时间等，并应预先考虑安排紧急警报措施，尽可能及时组织受淹区居民及财产转移到安全地带，力求减轻洪灾损失。

为确保水文分析计算成果合理，依据规范要求对水文资料系列进行可靠性、代表性和一致性进行分析。当资料系列受人类活动影响明显具有不一致性时，应进行一致性处理；当资料系列较短，代表性不足时应进行插补延长。计算设计流量时，一般通过构建洪水频率分析模型来实现。《水利水电工程设计洪水计算规范》（SL 44—2006）规定 P-Ⅲ型分布作为我国水文分析计算的分布函数，采用矩法估计参数的初值，将各项洪水的数值和相应的经验频率点绘在格纸上，以统计参数的初估值绘制频率曲线，如果曲线与经验频率点据拟合不够好，可调整统计参数，直至曲线与点据拟合较好为止，这种参数估计方法被称为目估适线法（CF），中国的洪水频率分析模型被称为 P-Ⅲ/CF 模型。

按照 P-Ⅲ/CF 模型的适线方法，由于不同工程设计人员的经验、视差有差异，采用该方法得到的洪水频率曲线存在较大的任意性，在工程实际中经常出现不同的设计部门会计算得到不同设计结果的情况，难以制定统一的工程设计标准。本书通过建立 P-Ⅲ型分布频率曲线优化模型，对理论频率和经验频率的相对误差赋予不同的权重，对误差赋予不同的权重，以相对误差权重的平方和最小为目标函数，并根据流域概况和水库的实际情况添加参数的约束条件，以矩法估计的参数为初值，采用改进的非常快速模拟退火算法（MVFSA）求解模型，得到参数的最优解，从而绘制出 P-Ⅲ型分布频率曲线。

"水库管家"智慧云平台与智能移动App

7.1 "水库管家"智慧云平台总体设计

7.1.1 设计目标与原则

"水库管家"智慧云平台设计目标：根据水利现代化和智慧水利总要求，对标"先进、实用、安全"总要求，以水库管理精细化、决策科学化、调度协同化、服务社会化为出发点，以"采集自动化、传输网络化、集成标准化、管控一体化、决策智能化"为目标，研究及应用"云（云计算）大（大数据）物（物联网）移（移动互联网）智（人工智能）"等新技术，集成无人机航拍、机器人技术、卫星数据、专网视讯、三维 GIS 和专业水文模型，提升监测和管理水平，强化信息技术与水库运维工作深度融合，构建集智能感知、预报预警、巡检养护、事件上报、问题处理反馈、汇总分析、信息服务等于一体的"水库管家"智慧云平台，实现水库状况全面掌控、巡查维护有迹可循、管养内容可量化、运维工作档案化，为"三个责任人"提供实时监测信息、预报信息和决策支撑信息，形成水安全、水管理、水服务的现代小型水库管理新格局。

平台设计原则包括：

（1）需求牵引、应用主导。应围绕水库安全运行专项督查工作实施细则，以水库动态监管和安全运行为核心需求，以满足水库各项管理应用为第一要务。

（2）整合资源、支撑业务。针对信息资源整合与利用，需要从"分散使用"向"共享利用"转变、从"片面强调建设"向"建设与管理并重"转变、从"满足日常需求"向"提升综合管理能力"转变，从水库管理需求出发，深入挖掘数据应用价值。

（3）长效机制、建管并重。加强项目建设的规范化管理，建立信息

89

化建设运营管理长效机制，将信息化运行维护提升到和信息化建设的同等地位，强化日常管理，做到"建管并重"，保障服务平台和运行环境建成后能够长期正常使用，从而保障水库持续安全运行，发挥最大工程效益。

（4）实用先进、安全可靠。在实用的前提下，采用高起点的主流技术，引进和开发先进、成熟且性能稳定的软硬件平台，顺应虚拟化、云计算的发展趋势，构筑起良好的体系结构、处理方法、运行机制，能够使项目成果具有先进性和较长的生命周期。同时，采取确实有效的安全防范措施，保障稳定、正常、高效的运行。

（5）灵活升级、方便扩充。信息技术发展迅速，因此在方案设计和项目建设中，要充分考虑到今后技术的更新对系统运行维护的影响，做到技术的兼容。同时，不能对现有系统的运行造成影响。

7.1.2 总体框架设计

在结合云计算、大数据、移动互联网等先进技术，按照"统一技术标准、统一数据整合、统一应用平台"的要求，采用服务开发、服务提供和服务消费模式搭建水库管家运行管理平台总体架构，做到数据、应用二者分离，为后续信息化系统的开发建设和运行维护打下坚实基础。"水库管家"智慧云平台总体框架如图 7-1 所示。

（1）智能感知层。智能感知层主要包括水情、雨情、工情、视频监控、设备状态信息等，还包括取水枢纽、工程安全监测、气象监测、水质监测等共享数据。

（2）基础支撑层。基础支撑层由通信网络和基础设施构成，为"水库管家"提供整体的运行基础环境和互联通道。

（3）数据中心层。数据中心层是通过对数据全面梳理，通过多源数据接口整合水库管理中心及外部相关单位的数据，构建形成"水库管家"智慧云平台综合数据库。

（4）业务支撑层。业务支撑层主要为应用提供支撑保障服务，通过基础支撑服务为上层应用服务提供统一的开发和运行环境。

（5）业务应用层。业务应用层面向水库管理业务，全面融合信息资源，聚焦水库运行、调度、管理等领域，全面掌握水库综合信息。

（6）平台用户层。采用"科技＋服务"模式，为水库主管部门、三个责任人、水库运维人员提供监控管理、水库运行管理、统计分析和数据管理等服务。

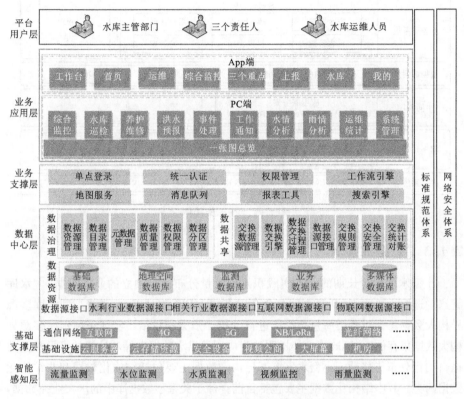

图7-1 "水库管家"智慧云平台总体框架图

（7）标准规范体系。标准规范充分利用已有国标和行标，参考引进行业的先进标准，并补充建设部分必要的项目标准。

（8）网络安全体系。在全面分析和评估"水库管家"智慧云平台各要素的价值、风险、脆弱性及所面对的威胁基础之上，遵照国家等级保护的要求，结合已有成果构建信息安全体系，保障系统安全、运行稳定可靠。

"水库管家"智慧云平台的建设需要在满足用户使用需求的基础上，同时满足复用性高和易扩展等要求，以便后期进行维护和升级。系统采用表现层、业务服务层、数据访问层、中间件层、数据存储层、操作系统层的设计模式作为业务管理系统开发过程软件框架，实现高内聚低耦合的设计思想，如图7-2所示。

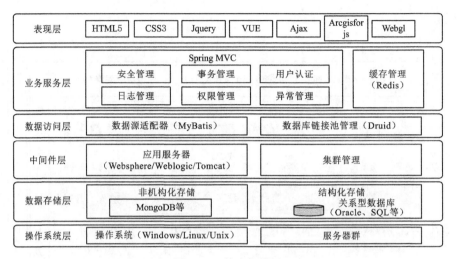

图 7-2　技术架构图

7.1.3　数据库设计

　　小型水库运行长期的业务实践积累了大量分布异构独立的业务数据。"水库管家"选取了 Apache 开源软件基金会发布的 HDFS 和 HBase 存储小型水库多源异构大数据集，对各类海量数据集进行分析、归类和总结，实现小型水库多源异构大数据集存储。Hadoop 框架透明地为应用提供大数据存储和访问的可靠性及数据自动化分布与移动。小型水库多源异构大数据主要包括结构化数据和非结构化数据两类。其中结构化数据主要包括目前存储于关系型数据库中的水文业务数据，

　　如降雨量表、河道水情表和水库水情表等，此类数据存储于 HBase 中；而非结构化数据是指其字段长度可变，且每个字段的记录又可由可重复或不可重复的子字段构成的数据，可处理的数据包括文本、图像、声音和视频等，非结构化水利大数据集主要包含各类报告、实景图片、实景音频视频等数据，此类数据可直接存储于 HDFS 中。"水库管家"多源异构的大数据分层基本结构如图 7-3 所示。

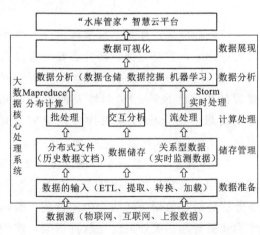

图 7-3　"水库管家"多源异构大数据分层结构图

7.1.4 "水库管家"智慧云平台功能设计与实现

"水库管家"智慧云平台以满足"三个责任人"为根本出发点,采用 BS/MS 混合架构开发,包括一张图总览、综合监控、洪水预报、水库巡检、养护维修、事件处理、工作通知、水情分析、雨情分析、运维统计和系统管理等模块,实现水库管理模式向现代化、智能化、协同化转变,"水库管家"智慧云平台功能架构图如 7-4 所示。

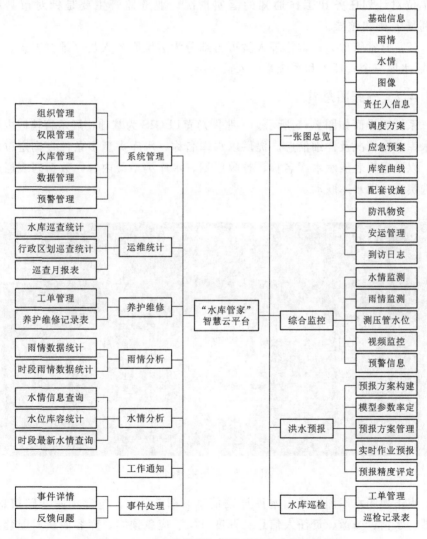

图 7-4 "水库管家"智慧云平台功能架构图

7.1.4.1 用户描述

根据水库运行管理工作的工作性质可将水库运行管理云平台的用户分为业务监管和日常管理两类。

（1）业务监管。监控管辖范围内的水库运行状态，查看水库基本信息、实时监测数据和运行管理数据、报告、台账等；督促下级单位对有隐患或预警的水库的处理并追踪其处理过程；组织部署、实施与监督下级单位对计划任务和工作通知的落实情况。业务监管主要是针对市县级水利局人员和领导。

（2）日常管理。日常管理人员可再细分为运维服务人员（维修养护、巡检）、水库三个责任人和系统维护人员 3 类。

7.1.4.2 一张图总览

系统主界面如图 7-5 所示。一张图总览以 GIS 为基础，展示管辖区内所有水库分布情况及详细信息。提供以水库名称、水库类型多条件查询定位水库。以数据列表展示水库名称、行政区划、水库类型等内容，数据列表通过点选实现地图水库联动。

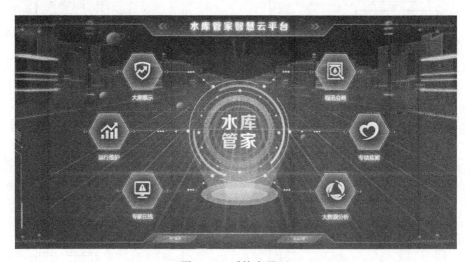

图 7-5　系统主界面

点击地图水库图标展示水库详细信息（图 7-6），包含水库基础信息、雨情、水情、图像、责任人信息、调度方案、应急预案、库容曲线、配套设施、防汛物资、安运管理、到访日志。

图 7-6 水库信息详情

（1）水库基础信息。水库基础信息以列表形式直观展示水库基础信息、水库库容信息、大坝信息、溢洪道渠底信息、经济消息信息、运维标准信息，为相关人员迅速掌握水库概况提供支持。

（2）雨情。雨情信息以统计图表形式展示逐时、逐日、逐月、逐年任意时间内降雨量、累计降雨量信息。默认展示最近 3 日内逐时雨情信息。

（3）水情。水情信息可查询展示水库任意时段内水库水位过程线及水库水位、库容、汛限水位列表信息。默认展示近 1 天水情信息。

（4）图像。水库图像信息为水库图像站自动采集的图片，可查询任意时间段内采集的图像信息，默认为最近 3 天图像信息。

（5）责任人信息。责任人信息包含岗位名称、责任人名称、职务、电话。为水库出现险情上报及时联系相关人员提供帮助。

（6）调度方案。水库调度方案是保证水库安全运行，最大限度发挥水库的防洪减灾及综合运用效益的主要依据，按照水利部"三个重点"要求，通过本模块可快速下载（浏览）相关调度方案，及时掌握水库调度运行方案。

（7）应急预案。按照水利部"三个重点"要求，提供水库应急预案下载（浏览），帮助水库管理者更好地应对水库突发事件发生。

（8）库容曲线。展示水库水位库容关系曲线，根据水库水位库容表生成库容曲线，鼠标滑动可查看水位对应库容值。

（9）配套设施。配套设施可查看当前水库已安装的设施类型、功能、位置、照片、介绍等信息,为制定运维计划、设施维护养护提供支持。

(10)防汛物资。水库相关人员可查看水库防汛物资信息,含防汛物资类型、数量、地点及管理人员、电话等信息。

(11)安运管理。可查看水库历史安全运维文档信息。来源于系统管理里的数据增删改模块。

(12)到访日志。可动态掌握水库历史到访人员情况,了解到访人员、时间、到访内容等信息。

7.1.4.3 综合监控

综合监控在各类物联感知监测数据源、定制监控监测视图和"一张图"的支撑下,以简洁明了的图表方式对当前用户管辖区内所有水库及相关自动监测站空间分布及实时监测预警信息可视化展示。系统将结合水库运行特征值自动计算与分析水库运行状态,以图、文、声、像等形式多方式呈现水库告警信息,面向不同层次的需求,提供实时水情、雨情、视频等多源全景监控,以及水库基础信息的实时展示与查询。

1. 水情监测

水情展示水库最新水位信息,以地图形式展示水库水位监测点空间分布情况。以数据列表展示所有水库水位监测点最新水位库容信息。

点击地图监测点图表可查看水情详细信息(图7-7),包括监测点基本信息及实时监测信息。可查看任意时间段内水位、库容值,水位过程线。

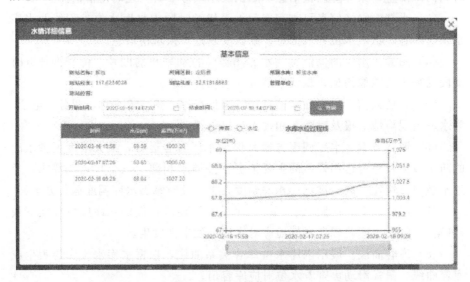

图7-7 水雨情信息展示

2．雨情监测

雨情展示辖区内所有监测点雨情信息，以地图形式展示雨量监测点空间分布情况。以数据列表展示不同雨量等级监测点数量及所有监测点今日累计降雨量信息。

点击地图监测点图表可查看雨情详细信息，包括监测点基本信息及最新雨情信息。最新雨情展示近1小时、3小时、6小时累计降雨量，可查询任意时间逐时、逐日、逐月、逐年的雨量柱状图。

3．测压管水位

测压管水位展示水库测压管水位实时监测信息，以地图形式展示水库测压管水位监测点空间分布情况。以数据列表展示所有水库测压管水位监测点最新水位监测信息。

点击地图监测点图表可查看测站详细信息，包括监测点基本信息及实时监测信息。可查询任意时间段内测压管水位值及水位过程线。

4．视频监控

视频监控模块接入水库周边视频站信息，如图7-8所示。按照统一的规范和接口集成的视频信息，用户可以在一张图上对视频站的分布情况及视频信息进行统一展示。

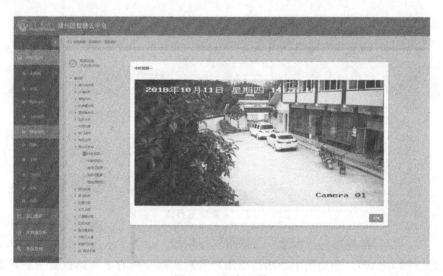

图7-8 视频监控

以GIS地图展示视频监控站位置分布，点击地图视频图标可以实时查看当前站点视频信息（图7-9）。以数据列表形式展示视频站基本信息，包括视频站点名称、所属水库及摄像头类型，可通过数据列表进行地图定位及快速查询功能。

5. 预警信息

基于一张图以数据列表、图标闪烁以及统计图等形式突出显示水位、雨量、实时预警信息。用户点击预警点位可获取预警具体信息，如图7-9所示。包括预警水库、时间、预警状态、预警内容等。点击预警点可以查看预警详细信息，包括预警基本信息及雨量水位关系图，并可查看当前水库责任人信息、视频信息等，同时相关责任人可根据预警信息及现场情况进行预警关闭操作。

图7-9 预警信息界面

此外综合监控还包括水质、虚拟现实等功能。点击"水质"菜单进入水质界面（图7-10），在地图中展示当前用户管理水库下所有水质站位置分布，表格中展示站名、时间和；地图中测站点鼠标悬浮时显示测站基本信息，点击之后弹出详细信息弹窗，可根据时间和监测项查询图表；表格数据可根据测站名进行搜索，点击表格中测站名地图中定位到测站具体位置。界面如下图所示：

图 7-10 水质界面

虚拟现实点击"720VR"菜单进入对应界面,界面如图 7-11 所示。地图中展示当前用户管理水库位置分布,有 720VR 资源接入的水库图标为蓝色,没有接入为灰色;表格中展示水库名、所属区县和水库类型,可根据水库名和水库类型进行条件查询;点击地图中水库点浏览器会打开新窗口展示水库对应 720VR 画面。

图 7-11 虚拟现实 720VR 用户界面

7.1.4.4 洪水预报

洪水预报是以实时雨水情数据、历史洪水数据、地理空间数据、气象数据等信息资源为基础,建立洪水预报模型,对入流过程进行预测预警,实现水库大坝及下游防洪点的安全,使水库安全的度汛,为水库防洪调度决策提供科学依据。

（1）预报方案构建。预报方案构建基本上分为两步进行。第一步是定义方案，如确定方案输入个数和类型，选取适当模型；然后划分流域，选择雨量和流量根据站点计算雨量站权重，建立预报方案结构框架图。

（2）模型参数率定。基于建立的预报方案，选用一定时期的连续历史资料，在假定一组参数的情况下进行模拟计算，根据计算得出的出口断面的流量与实测的流量过程进行比较，求出误差。再调整参数值，比较其结果和误差，直到最后误差为最小，即率定出参数的最优值，使得计算和实测流量过程拟和最优。

（3）预报方案管理。预报方案的管理信息组成包括：

1）方案名称设置，包括方案编号、方案名、时段长、预热期、预见期、预报输出雨量统计方式。

2）预报断面设置，包括方案选择、预报断面选择、校正设置、洪量校正系数、演算模型选择。

3）预报模型设置，包括方案选择、预报模型序号、预报模型标识（包括模型序号、参数年份、洪水类型、时段长）。

4）预报方案概述，查看数据库中各预报方案配置的总体情况。

（4）实时作业预报。系统将依据方案管理中所设定的预报方案、预报顺序、是否自动校正、是否自动发布等设置逐时自动启动预报。考虑到实时信息收集所需的时间，系统将依据预报方案中的计算时段长自动预报，预报成果均自动发布。

（5）预报精度评定。系统自动对预报的结果进行计算分析，根据洪水预报精度评定规范进行分析评定。

一次预报的误差小于许可误差时，为合格预报。合格预报次数与预报总次数之比的百分数为合格率，表示多次预报总体的精度水平。

7.1.4.5 水库巡检

水库巡检是水库巡检人员现场巡检问题、巡检记录管理，为"三个责任人"提供详细水库巡查所需数据，及时掌握水库安全运行存在的问题。

1. 工单管理

工单管理是对水库巡查人员巡检过程信息管理，相关负责人员可及时了解水库巡检详细情况，掌握水库运行状态。

系统提供以工单名称、水库名称、工单状态、工单计划起止时间等多条件查询功能，快速定位所需工单，查询历史巡检记录表信息（图7-12）。提供地图和数据列表两种形式，可查看每个工单详情包括详细的巡检项、巡检时间、巡检结果及巡检路径等（图 7-13）。

图 7-12 工单管理列表

图 7-13 巡检工单轨迹

2. 巡检记录表

巡检记录表是水库巡查成果报告管理，可形成水库巡查台账（图7-14）。

本模块实现对水库巡检工程部位、巡检项、巡检内容、巡检结果等信息记录报告集中管理，提供巡检记录表 PDF 版下载与在线阅览功能，巡检完成后可单独或批量生成巡检记录表，系统提供地图定位模式，便于快速查询巡检记录，同时提供多条件巡检记录查询功能。

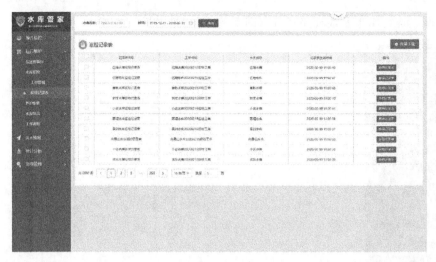

图 7-14　巡检工单轨迹

7.1.4.6　巡检报告

巡检报告菜单如图 7-15 所示。

图 7-15　巡检报告菜单

点击巡检报告菜单进入对应界面，表格中展示记录表名称、工单名称、水库名称、记录表生成时间、操作。

操作下方有"查看记录表"按钮，点击即可打开记录表。

表格上方提供记录表名称、工单名称、水库名称、时间。

选中表格左侧的正方形，再点击右上方的"批量下载"按钮，可以下载记录表文件（记录表文件格式为 pdf）。

7.1.4.7 养护维修

水库养护维修是水库维护人员现场维护工单、维护过程记录管理，为"三个责任人"提供详细水库养护维修所需数据。

1. 工单管理

工单管理是对水库巡查人员维护过程信息管理，相关负责人员可及时了解水库维护详细情况。

系统提供以工单名称、水库名称、任务状态、工单计划起止时间等多条件查询功能，快速定位所需工单，查询历史维护记录表信息。提供地图和数据列表两种形式，可查看每个工单详情包括详细的维护任务项、执行时间、执行结果及维护点位置等。

2. 养护维修记录表

养护维修记录表是水库养护维修成果报告管理，可形成水库养护维修台账。

本模块实现对水库养护维修工程部位、养护维修项、养护维修结果等信息记录报告集中管理，提供养护维修记录表 PDF 版下载与在线阅览功能，养护维修完成后可单独或批量生成养护维修记录表，系统提供地图定位模式，便于快速查询养护维修记录，同时提供多条件养护维修记录查询功能。

7.1.4.8 事件处理

事件处理为水库巡检、维护过程中发现上报问题，及突发应急事件时上报问题。上报问题后经相关人员处理进行问题反馈处理，直至问题处理完成，形成问题处理完整闭环流程。

1. 待处理事件

系统提供按照水库名称、问题来源（工单问题、App 上报、Web 上报）、问题状态（待确认、已确认、已审核、业主已审核、待处理、已完成）、时间段多条件组合查询待处理事件（图 7-16）。待处理事件列表展示待处理事件所属水库、上报时间、上报人、问题状态，并可查询待处理事件的详细信息，同时根据当前事件处理情况进行及时反馈（图 7-17）。

2. 反馈问题

点击操作下面的"反馈问题"，反馈对应的事件，填写反馈说明并点击"确认"，即可反馈对应事件，点击"取消"则取消当前操作（图7-18）。

图 7-16　待处理事件

图 7-17　待处理事件详情

图 7-18　反馈问题

　　点击操作下面的"确认问题"，可对问题进行确认，须标记问题程度并将问题分配（注：如果将问题标记为不是问题，则不需分配该问题），点击确认，完成当前操作（图7-19）。点击"取消"则取消操作并返回列表界面。

图7-19　确认问题

7.1.4.9　工作通知

　　工作通知是县负责人可以对水库巡检、维护、保洁、观测等相关人员下发通知，相关人员可以通过手机APP及时接受上级下发通知，并完成相应工作。

　　工作通知仅对部分用户开发新增权限，可对单个或多个水库下发通知，可上传附件、图片信息，以便相关接受人员更好了解工作通知内容。

7.1.4.10　水情分析

　　水情分析包括水情数据查询、水位库容统计、时段最新水情查询。

　　（1）水情信息查询。水情数据查询主要是根据测站名称、监测起始结束时间、行政区划以及是否超汛限等条件进行查询，默认展示今日水库最新水位、库容、汛限水位、超汛限值等信息。

　　（2）水位库容统计。水位库容统计按月统计水库最高水位、最大库容、最低水位、最小库容、平均水位、平均库容信息，可按照时间、水库、行政区划多条件组合查询，提供查询成果导出。

　　（3）时段最新水情查询。时段最新水情查询提供按照时间、行政区划、站点名称、站点类型多条件组合查询时段内最新水位信息（图7-20）。时段最新水情查询结果展示内容包括水库名称、时段、及最新水位数据时间、水位、库容等信息。

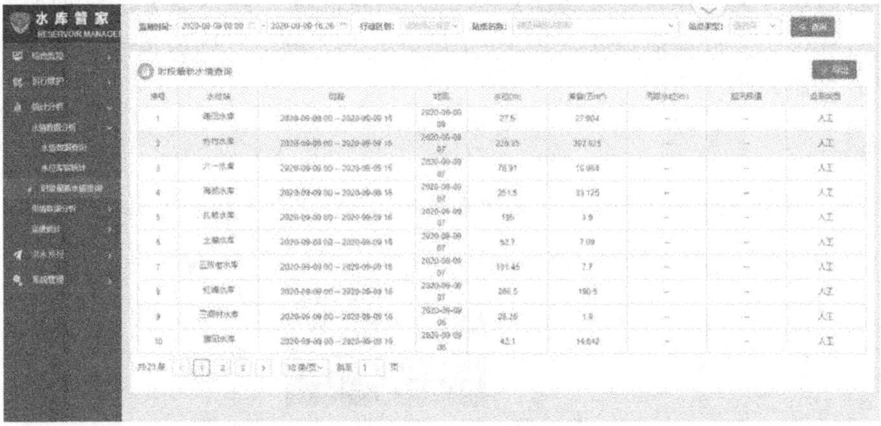

图 7-20 时段最新水情查询

7.1.4.11 雨情分析

雨情分析包括雨情数据统计、时段雨情数据统计。

（1）雨情数据统计。雨情数据统计可根据行政区划、测站名称、测站类型、监测时间等多条件进行逐时、逐日、逐月、逐年累计降雨量、平均降雨量统计，统计成果可导出。

（2）时段雨情数据统计。时段雨情数据统计可根据行政区划、测站名称、测站类型、监测时间等多条件进行小时、日、月、年累计降雨量、最大降雨量、平均降雨量统计，统计成果可导出。

7.1.4.12 运维统计

运维统计主要是从不同维度对水库巡查计划与实际情况、完成率进行统计。包括水库巡查统计、行政区划巡查统计、巡查月报表。

（1）水库巡查统计。水库巡查统计按月对水库巡查任务数量、实际完成数量、完成率进行统计，可按照时间、行政区划、是否达标进行多条件组合查询，结果可导出。

（2）行政区划巡查统计。行政区划巡查统计是按月对行政区划下管辖范围内水库进行水库数量、任务数量、实际巡查完成数量、完成率等方面进行统计，可按照时间、行政区划、是否达标进行多条件组合查询，结果可导出。

（3）巡查月报表。巡查月报表可按照时间、行政区划查询水库名称、行政区划、水库类型、巡查责任人、任务数、实际巡查次数、完成率、问题工单数等信息，并将查询结果导出 Excel。

7.1.4.13 系统管理

1. 组织管理

组织管理包括：用户管理、岗位维护、机构管理。

（1）用户管理。用户管理实现对系统使用者的信息管理，角色分配、管理水库分配、密码管理等。支持查看当前系统下的所有用户的用户名、所属机构、姓名、职务等信息。支持查询条件（主要根据用户名、姓名、职务、所属机构、管理水库、用户状态和登录权限等）可帮助用户快速筛选出想查看的登录用户信息，并进行后续的处理。用户管理界面如图 7-21 所示。对于已经存在的用户，平台提供了 5 类操作，分别是：分配角色、管理水库、修改、重置密码以及删除。

图 7-21 用户管理界面

（2）岗位维护。岗位维护支持查看、修改系统内所有岗位负责人的详细信息并支持岗位删除和新增的功能。

（3）机构管理。机构管理页支持面向用户展示当前平台上所有机构信息，并提供修改、禁用和新增功能。支持用户提供根据机构名称模糊搜索。平台为机构提供查看和修改管理范围的功能。

2. 权限管理

（1）角色管理。角色管理主要是为不同角色分配系统资源，保证系统的安全性。角色管理支持查看系统内所有角色的基本信息，包括角色名称、启用状态、所属机构岗位、创建时间等（图 7-22）。支持新增角色，输入角色名称、排序、类型等信息新建必要的角色信息。支持分配不同的浏览权限，使系统更好地为用户服务，角色管理的核心功能是角色授权，可查看更改任意角色的授权信息。

图 7-22 权限管理界面

（2）系统资源管理。支持对平台显示的导航菜单以及 App 端菜单进行配置，动态管理菜单，支持任意调节菜单的显隐、类型、排序等。

3．水库管理

水库管理主要是对水库基本信息、水库库容基础信息进行新增、修改、删除。水库管理信息是系统信息展示的数据来源。

（1）水库列表。水库列表完成水库基本信息维护工作，支持查看当前登录用户下的所有水库详细信息，包括名称、地址、管理单位、类型、坝型等，同时支持根据名称、类型、坝型、行政区划和状态的筛选查询功能，以方便用户快速定位需要查找的水库，支持比照地图方便更改水库经纬度。对于辖区内，支持两种新增水库处理方式，一种是导入水库文件，另一种是注册水库，注册水库时，填写水库相关信息，即完成平台内水库注册，在地图以及业务处理页面可看到新增的水库信息。

可以实现综合查询、所属乡镇配置、运维项配置、汛限水位管理、是否禁用等功能操作，如图 7-23 所示。

（2）水库库容。水库库容主要用于各水库的库容值维护，包括时间、水位、库容以及面积等相关参数的查看、编辑、维护和删除（图 7-24）。

图 7 - 23　水库列表信息

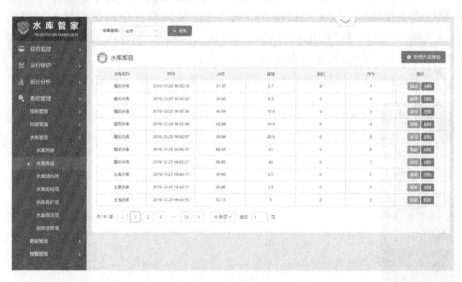

图 7 - 24　水库库容信息

（3）水库结构体。支持查看各水库的溢洪道、涵管、坝脚区、坝体等相关结构体信息。支持修改相应水库结构，删除选项可将不需要的记录删除（图 7 - 25）。同时，页面支持复制配置功能，可将一处水库的结构体配置项快速复制给另一处相同结构的水库。

109

图 7-25 水库结构体信息

（4）水库巡检项。实现单个水库巡检项定制化配置，为不同的水库配置不同的巡查内容。实现水库结构体不同及水库实际情况定制化配置不同巡检内容（图 7-26）。PC 端定制完成后，巡查人员通过 App 端可根据定制内容进行水库巡检，保证水库巡查完成、无死角。

水库巡检项配置根据水库结构体对巡检项进行增加、删除。

图 7-26 水库巡检项信息

（5）水库养护项。水库养护项是根据水库结构体对水库养护项配置的查看和管理（图7-27）。使用人角色：行政责任人、技术责任人、县管理员。

图7-27　水库养护项信息

（6）水库运维项。水库运维项是水库已配置的巡检、维护项进行查询管理，提供运维项检查排序功能（图7-28）。

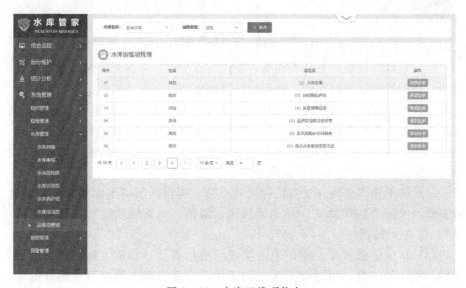

图7-28　水库运维项信息

111

4．数据管理

数据管理包括测站管理、视频站管理、水库配套设施管理、防汛物资管理、培训记录管理、安全运行管理、到访水库日志和培训视频管理。

（1）测站管理。实现水库所有水雨情、视频、图像等各类监测站基础信息管理，包括测站编码、名称、所属水库、类型、地址、经纬度、管理单位以及相关操作信息（图 7-29）。同时提供依据编码、名称、类型、所属水库和行政区划的筛选查询功能。

图 7-29　测站管理界面

（2）视频站管理。支持管理所有视频站点信息，可查看视频站点的名称、类型、访问类型、所属水库、经纬度以及地址信息（图 7-30）。

（3）水库配套设施管理。支持根据水库名称、设备类型和状态条件查询系统内所有水库配套设施的详情（主要包括水库名称、设备名称、设备类型、设施功能、设备状态、描述和状态等相关信息），同时提供新增、修改和禁用功能（图 7-31）。与 App 数据同步。

（4）防汛物资管理。支持依据物资名称、类型、所属水库以及管理员名称查询当前所有防汛物资，并提供新增，编辑，和删除物资的功能（图 7-32）。与 App 数据同步。

（5）培训记录管理。培训记录实现历史培训信息管理，包括培训时间、主体、照片等信息，同时可上次培训课件，方便后期人员学习使用（图 7-33）。与 App 数据同步。

图 7-30 视频站管理界面

图 7-31 水库配套设施管理界面

图 7-32 防汛物资管理界面

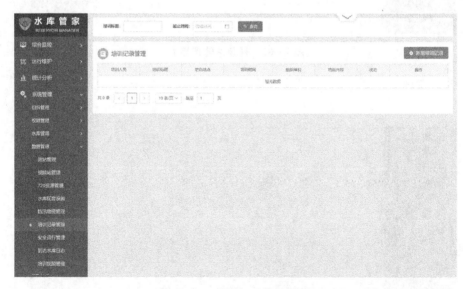

图 7-33 培训记录管理界面

（6）安全运行管理。支持依据水库名称和报告类型筛选查询当前所有的安全运行管理报告，为用户提供水库名称、报告名称和类型、报告时间以及状态等详细信息地浏览，同时提供新增、编辑和删除功能（图 7-34）。

（7）到访水库日志。支持向用户展示所有水库的到访详情，通过水库名称、到访人员、时间和状态筛选，也可通过操作列对日志查看详情和新增

（图 7 - 35）。与 App 数据同步。

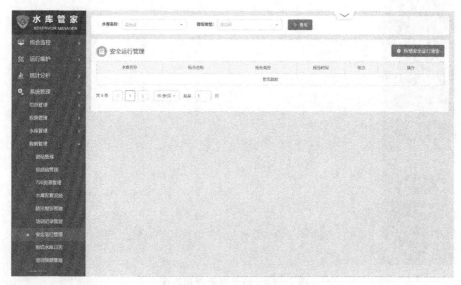

图 7 - 34　安全运行管理界面

图 7 - 35　到访水库日志界面

（8）培训视频管理。为水库管护人员、水利局相关人员、三个责任人等用户提供在线视频学习的资源管理，包括增、删、改、查、禁用、播放、分

115

配机构等功能（图7-36）。与 App 数据同步。

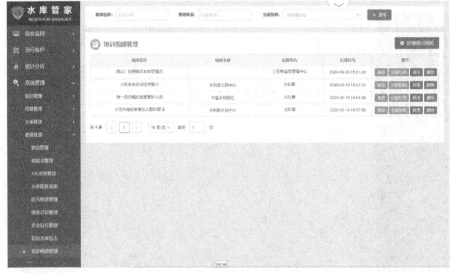

图7-36　培训视频管理界面

5．预警管理

包括预警信息管理、预警人员管理和雨量阈值管理。

（1）预警信息管理。支持查询、更新、删除和新增相关预警信息，主要包括测站名称、所属水库、行政区划、预警内容、预警类型、时间、级别以及状态等相关数据（图7-37）。

图7-37　预警信息管理

（2）预警人员管理。支持查看每个水库对应的人员配置，根据水库筛选支持新增、编辑和删除相关的人员信息（图 7-38）。

图 7-38　预警人员管理

（3）雨量阈值管理。支持查看和管理每个雨量站不同预警级别（蓝色预警、黄色预警、橙色预警与红色预警）的雨量值。

7.2　"水库管家"智能移动 App 功能设计与实现

7.2.1　功能架构

"水库管家"智能移动 App 通过与"水库管家"智慧云平台（PC 平台）协同，实现水库巡查、养护、保洁、培训等水库运行管理多工作流程协同。"水库管家"智能移动 App 功能包括：首页、运维、综合监控、上报、水库、我的 6 大部分。水库运行管理云平台 App 端主要服务于运维人员和"三个责任人"，辅助各水库责任人完成工作任务，保障水库安全运行。对于主管部门和相关领导，可以利用该 App 强化水库日常运行管理的监管，"水库管家"智能移动 App 功能架构如图 7-39 所示。

117

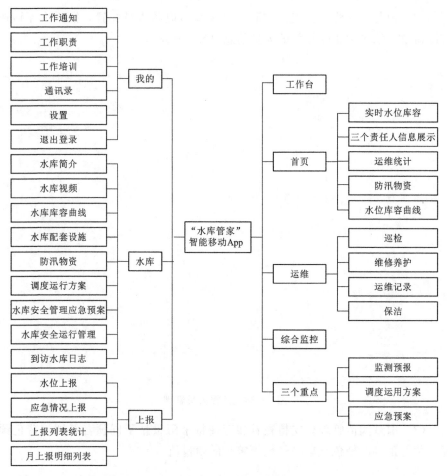

图 7-39 "水库管家"智能移动 App 功能架构图

7.2.2 用户描述

"水库管家"智能移动 App 主要针对水库的三个责任人设计，三个责任人分别为：行政责任人，技术责任人，巡查责任人；巡查责任人下属分巡查人员、维修养护人员、保洁人员。

针对水库日常巡查、维护养护、保洁实时性强、移动作业、工作轨迹化、记录化等特点建设水库手机 App，提供移动端 App 满足三个责任人现场管理需求，满足市县级水利局人员及领导对水库运行维护工作工单管理、过程管理和管理工作的监管需求。根据使用用户的不同用户权限，各用户业务功能和管理不尽相同。

7.2.3 功能设计与实现

系统工作台与首页如图 7－40 所示。系统工作台服务于市县级水务局人员及领导，集中展现与汇总当前登录用户的工作情况，包括今日工作、处理中的工作以及处理完结的工作，使当前用户能够快速了解目前尚需处理的事件或任务。同时，以昨日巡检次数、今日巡检次数以及巡检率反映管辖区域范围内水库巡查工作进展。点击某条信息可查看问题具体描述、上报时间和人员，安排问题处置的人员、给予问题处置意见、追踪问题处置的过程及处置前后的现场实况，从而做到问题处置可追溯、可追责。

图 7－40 工作台

7.2.3.1 首页

根据登录用户权限不同，展示当前用户所负责水库的各责任人、巡查频率、维修养护频率、巡检统计、维修养护统计、保洁统计、防汛物资、实时水位库容及水位库容曲线信息，为当前用户提供管理范围内的其他水库信息

119

切换功能。首页界面如图 7-41 所示。"水库切换"提供切换当前页面信息关联水库的功能。点击"切换水库"按钮，提供用户管辖范围的水库列表，实现任意水库选取并展示相应水库信息。

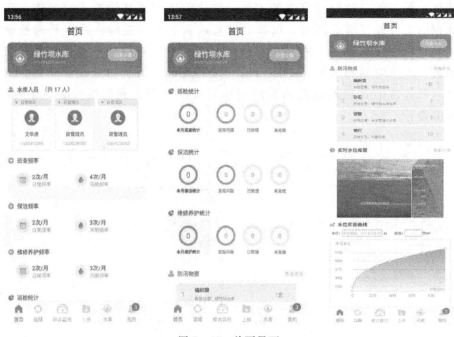

图 7-41　首页界面

（1）实时水位库容。以概化图方式直观展示当前水库的最新水位、坝体高程及相关水位特征值，包括水库正常蓄水位、设计洪水位、校核洪水位等，根据水位库容曲线关系自动计算最新水位对应的水库库容、水位差等信息。为提供良好的用户体验，便于用户更加清晰查看各项指标，支持用户查看水位库容大图。

（2）"三个责任人"信息展示。展示当前水库的三个责任人（行政责任人、技术责任人和防汛责任人）的基本信息，含名单及通讯号码，长按人员名单，可以提供快速拨号功能，使用户能快速便捷的联系水库各责任人。

（3）运维统计。

1）汇总当前水库的巡查、维修养护的日常及汛期运维频率。

2）展示当前水库的巡查、维修养护当前月完成情况，统计运维过程中的发现问题数量、已处理数量及未处理问题数量，以此反映运维人员的问题处置效率。

（4）防汛物资。展示当前浏览水库的所有防汛物资信息，包括物资名称、物资数量、存放位置、管理人员及其联系方式等，为每一种防汛物资的具体信息提供地图位置，用户可快速掌握水库物资存放地点，为汛期防汛物资调度奠定基础。

（5）水位库容曲线。提供水位库容曲线图，可对曲线图进行放大缩小操作，方便查看水位对应库容值。此外，提供实时水库库容换算服务，用户可输入任意合理的水位数值，系统根据水位库容关系曲线自动得出库容信息。

7.2.3.2 运维

水库运维模块的核心是为不同角色用户，定制不同的展示内容。对于巡查责任人和运维基层人员，运维模块将倾向于快速让用户开始运维工作，将以巡检模块的状态呈现，提供开始运维和运维记录查看两项服务；对于技术责任人、行政责任人和市县级水务局人员及领导，运维模块侧重于水库运维工作进展统计及工单报告在线预览与下载。

模块充分整合水库管理的业务内容，基于运维管理相关规范及信息化技术，实现运维全过程电子化及运行管理全过程监管，进而为水库运维绩效考核提供了数据支撑。

1．巡检

巡检功能结合设定的水库巡检频次、水库巡检实际情况自动汇总出水库指定月份需要巡检的任务数量、已完成巡检的任务数量以及巡检完成率。支持用户按照水库名称和月份快速检索定位相关水库巡检信息。巡检界面如图7-42所示。

在巡检列表中，选择某条信息，可查看该水库相应月份巡检任务的执行情况，对于未完成的巡检任务将以红色高亮方式排在巡检任务列表的首要位置以提醒用户。

点击某条巡检工单，用户可了解巡检任务的详细执行情况，对于尚未完成的巡检工单，用户可查看巡检时间、已完成的巡检项及巡检结果（文字描述或现场照片）、尚未完成的巡检项目等信息；对于已完成的巡检工单，用户可逐项查看巡检结果，也可以在线查阅或下载系统自动生成的标准化的巡检报告。

图 7-42 巡检界面

2. 维修养护

维修养护功能与巡检功能相似，结合设定的水库维修养护频次、水库维修养护实际情况自动汇总出水库指定月份需要维修养护的任务数量、已完成维修养护的任务数量以及维修养护完成率。支持用户按照水库名称和月份快速检索定位相关水库维修养护信息。

在维修养护列表中，选择某条统计信息，可查看相应月份该水库具体的任务列表以及任务的完成状态。用户可了解某条任务的详细执行情况，如查看维修养护时间、维修养护项、维修养护方法描述及维修养护结果，通过维修养护前后的文字描述或现场照片对维修养护前后进行对比，了解维修养护工作的执行效果。

3. 上报

水库巡查、维护养护、保洁过程中发现的问题可以通过该模块进行上报，并实现上报管理。按查询月份、选择水库来展示当前用户可查看各水库运维过程中的问题上报统计结果，包括上报数、处理数以及处理率统计（图 7 - 43）。点击某一条统计结果，可查看上报记录列表，点击每一条上报记录，查看上报事件的详情、事件处理流程，事件点的地图定位，点击事件点位也可查看事件详情。

图 7 - 43　上报

123

4. 运维记录

通过月份、运维类型（巡检、维修养护、保洁）、水库名称可快速检索水库运维情况，以颜色区分水库运维状态，选择单条记录可查看水库运维项目分类、运维具体内容、运维项目完成情况汇总（图7-44）。下钻运维项目分类，可具体了解每个运维项目的运维描述、运维成果及现场照片。对于已完成的工单，提供工单报告的在线预览与下载，支持基于地图的运维轨迹追踪。

图7-44 运维记录

5. 保洁

保洁提供了具体水库按月统计的保洁信息，具体的操作步骤和巡检基本一致。

6. 开始运维

用户可以选择运维类型及水库快速锁定水库相应运维工作清单，并向用户提示相应水库的运维任务数、完成数及完成率统计，以避免用户运维工作遗漏。点击"开始运维"即可通过 App 在线填报完成水库各检查项运维工作，按照实际情况填写运维信息，直到执行任务完毕提交给上级进行审查（图7-45）。同时，该项功能将自动记录运维人员的工作轨迹。

图 7 - 45 开始运维

7.2.3.3 综合监控

综合监控基于一张图进行展示（图 7 - 46）。主要涉及的功能点为：查找附近水库、模糊搜索、图层管理、实时定位、地图放大/缩小操作、点选地图要素、上滑打开数据列表等，地图工具支持通过地图展示查询事件的具体位置，支持用户输入水库名称搜索，将地图定位到要查找的水库位置，用户可以点击任意水库查看水库基础信息。用户可自定义选择展示隐藏图层，当多图层叠加显示时，借助图例区分展示对象。

7.2.3.4 三个重点

三个重点主要以数据列表的方式向用户展示水库监测预报、调度运用方案、应急预案的实际情况。其中，监测预报默认提供水库最近 10 条水情实时数据、雨情实时数据以及测压管实时数据，并允许用户查询任意时间段的历史数据。调度运用方案和应急预案则提供该水库编制完成的方案列表，支持用户在线预览或下载，便于用户在遇到紧急情况时可随时随地查看相关应急处置或调度预案。

1. 监测预报

该页面可以查看实时的水雨情，可以通过历史数据按钮查询顶部选定水库的历史水雨情（图 7 - 47）。

图 7 - 46 综合监控   图 7 - 47 历史水雨情页面展示

2. 调度运用方案

调度运用方案提供下载查看功能（图 7 - 48）。

点击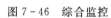按钮可以从 App 下载该文件，然后通过本地阅读软件打开文件查看具体内容。

图 7 - 48 （一） 调度运用方案的下载查看功能

图 7－48（二）　调度运用方案的下载查看功能

3．应急预案

应急预案提供水库安全管理应急预案的下载查看功能（图 7－49）。

点击 ⬇ 按钮可以从 App 下载该文件，然后通过本地阅读软件打开文件查看具体内容。应急预案文件预览界面如图 7－50 所示，应急预案文件下载界面如图 7－51 所示。

7.2.3.5　上报

（1）水位上报。水位上报功能里面可以直接检索时间查询以往的上报信息。点击上报按钮即可上报此刻具体的水位信息。

（2）应急情况上报。应急情况上报功能则是对于巡检过程中出现或者其他情况下的特殊上报手段。切换到紧急情况页面之后，切换对应水库之后，点击上报按钮，就可以进行紧急情况的上报。应急情况上报效果图如图 7－52 所示。

（3）上报列表统计。提供了查询具体水库具体月份的水库上报问题的处理情况统计信息（图 7－53）。

图 7－49　应急预案界面

127

（4）月上报明细列表。提供根据水库名称和上报的月份来进行相应信息的检索。点击相应的检索结果信息条目（上图红框），可以进入具体的水库上报详情页面，结果包括险情名称、发生水库、发生时间、处理状态等，如图7-54所示。

图 7-50　应急预案文件预览

图 7-51　应急预案文件下载

图 7-52　应急情况上报效果图

图 7-53　运维功能上报功能　　　　图 7-54　上报明细

7.2.3.6 水库

水库界面展示水库全景图，并提供水库简介、水库视频、水位库容曲线、水库配套设施、防汛物资、调度运行方案、水库安全管理应急预案、水库安全运行管理、到访水库日志等相关信息（图 7-55）。用户可以切换水库进行相应水库信息的查阅。

（1）水库简介。展示当前水库的基本信息（水库名称、主要功能、水库类型、兴建时间、水库"三个责任人"信息等）、地理位置、水库简介文字信息。

图 7-55　水库效果图

（2）水库视频。展示相应水库的视频图像资源列表以便用户能够通过视频选择切换不同的场景，并实现远程对摄像头的操作。

（3）水库库容曲线。可查询任意水库库容曲线图。

（4）水库配套设施。提供了水库配套设施设置的详细信息，包括名称、用途、位置、设施类型、设施数量、投入使用时间。点击水库配套设施可查看设施详情（图 7-56）。

（5）防汛物资。展示当前浏览水库的所有防汛物资信息，包括物资名称、物资数量、存放位置、管理人员及其联系方式等，以便应对防汛事件物资调配工作。

（6）调度运行方案。调度运行方案提供了在线预览与下载调度运行方案功能。

（7）水库安全管理应急预案。水库安全管理应急预案提供了安全管理应急预案的在线预览和下载。

（8）水库安全运行管理。水库安全运行管理提供了水库安全运行管理相关报告的在线预览和下载（图 7-57）。

（9）到访水库日志。到访水库日志提供了选定水库的到访水库日志，日志信息包括到访水库名称、到访时间、责任人以及对应图片功能。

图 7 - 56 水库配套设施效果图

图 7 - 57 水库安全运行管理效果图

7.2.3.7 我的

（1）个人信息。个人信息包含姓名、手机号、邮箱、地址等基本信息内容。

（2）工作通知。工作通知可以按照水库下发巡查、维护、保洁等各类通

131

知。对于县级负责人可在 PC、App 端进行工作通知添加发布。其他相关工作人员可通过 App 接受工作通知，并对工作通知进行执行反馈。工作通知效果图如图 7-58 所示。

(a)

(b)

图 7-58 工作通知效果图

（3）工作职责。工作职责显示当前用户工作职责详情页面，包含工作内容描述、负责水库等。点击负责水库列表，可查看水库的基础信息。

（4）工作培训。工作培训页面提供用户查询历史培训记录，查看培训记录详情、新增培训记录等。

1）培训详情。点击培训记录，可查看培训记录详情，包括培训标题、现场图片、培训时间、培训地点、培训组织、培训内容、附件等。

2）新增培训记录。可以添加培训记录，包括培训主题、培训时间、培训地点、培训组织、培训内容、现场培训图片、培训附件等信息。

（5）培训视频。处于不同组织架构下的用户可查看或上传所在机构或岗位的视频资源，从而加强业务技能。

（6）通讯录。通讯录按照水库与角色进行划分，意味着可以通过水库名称和角色来进行检索（图 7-59）。同样可以通过长按通讯录项，激活快速拨号功能。

（7）设置。设置提供用户密码、个人信息、消息提醒的修改以及意见反馈、版本显示、版本更新和关于我们功能。

（8）退出登录。退出登录提供用户退出账号的功能。点击退出登录会有弹窗，点击确定即可退出账号，退回到登录页面。

图 7-59　通讯录效果图

"水库管家"应用实践

8.1 "水库管家"多元化服务模式

小型水库"水库管家"科技创新服务技术体系响应水利部关于深化小型水库管理体制改革和智慧水利建设的要求，经过多年的探索与实践，在小型水库管理技术体系、政府购买服务、社会化物业化管理体系等方面，形成了可推广可复制的"科技＋服务"的现代化水库管理模式，协助小型水库主管部门和"三个责任人"对水库进行有效监管、提供信息、监测分析及巡视管理服务，为保障小型水库安全运行保驾护航。为适应各级水利主管部门的需求和不同地区小型水库多元化管理现状，"水库管家"为业主量身订制了多元化的组合服务模式，具体包括信息化、物业化和专业化等。

（1）信息化。根据水利部水利现代化和智慧水利总要求，对标"先进、实用、安全"总要求，以小型水库管理精细化、决策科学化、调度协同化、服务社会化为出发点，研发和构建集智能感知、预报预警、巡检养护、事件上报、问题处理反馈、汇总分析、信息服务等于一体的县级"水库管家"智慧云平台和智能移动 App，实现水库状况全面掌控、巡查维护有迹可循、管养内容可量化、运维工作档案。"水库管家"分为基础版和扩展版，基础版包括一张图总览、综合监控、水库巡检、养护维修、事件处理、工作通知、水情分析、雨情分析、运维统计和系统管理和移动 App，扩展版包括水雨情监测系统、工程安全监测系统、气象预报系统、洪水预报系统、应急预警调度系统。扩展版根据地区信息化基础设施建设情况和经费预算情况由地方水利主管部门是否采用，也可以在规划后续添加相应的模块。

（2）物业化。按照政府购买服务指导意见，针对小型水库分布特点和管理现状，积极探索小型水库社会化物业化管理模式。社会化物业化管理模式建设内容有：①根据小型水库标准化管理内容，因地制宜，制定小型水库物业化运行管理服务制度手册和物业化运行管理服务规范手册；②制定小型水库管理实用手册口袋书（巡查、驻库、保洁）；③制定小型水库管理维护培训手册；④建立区域小型水库养护运维物业化团队，提供小型水库巡检、观测检测服务（水雨情、工程监测）、养护维护服务、现场管理与保洁等服务内容；⑤制定政府购买服务市场应对策略，实现对小型水库运行管理的标准化物业化管理。

物业化是指进驻物业化运维队伍，对水库进行巡检服务、观测检测服务（水雨情监测）、养护维护服务、现场管理与保洁等。水库管家运维团队专业过硬，训练有素，用最优资源配置降低运行管理和维修养护成本，保障小型水库内外部环境整洁、工程隐患及时发现、机电监测设施工况完好，有效解决小型水库管理人员、资金、技术等难题，助力小型水库管理全面物业化。

（3）专业化。通过与高校、科研院所合作，建立产学研深度合作模式，建立小型水库专家问诊咨询团队。政府通过购买咨询服务模式，邀请专业团队为小型水库雨水情、防汛抗旱、工程安全、水资源利用、白蚁防治等专业问题提供咨询服务，提升小型水库管理的专业水平，确实保障小型水库的安全运行。

8.2 "水库管家"应用典型实践

目前，已纳入"水库管家"平台的小型水库有12219座，约占全国小型水库总数的13%。应用实践范围分布于陕西、贵州、广东、广西、福建、江苏、江西、吉林、辽宁、河南、河北、山东、云南、湖南、湖北、安徽、青海、内蒙古18个省份，主要以县级区域为单元进行应用，其中青海、广东两省建立"水库管家"省级平台。"水库管家"协助承担了近20个县区的小型水库管理体制改革示范县创建工作，其中有10个县区荣登2020年11月水利部公布的第一批全国小型水库管理体制改革样板县名单。目前在全国应用的模式主要有两种模式：河北鹿泉模式（信息化＋物业化）和安徽定远模式（信息化），专业化的服务模式还在进一步探索和实践中。

8.2.1 河北鹿泉模式（信息化＋物业化）

用"信息化＋物业化"这种全方位管理模式的典型案例是河北省石家庄市鹿泉区。辖区内12座水库，其中十八扭沟水库、西薛庄水库、黄峪水库、南庄水库、岭底水库、羊角庄水库、团山水库、山尹村水库共8座水库是采取政府购买服务的方式，将水库管护、维养、巡查、汛期值守等交由太比雅公司进行统一管理。在国务院新闻办举行的例行吹风会上，水利部运行管理司肯定了由太比雅水库管家承建的河北省鹿泉区等小型水库管理体制改革样板县的建设工作。

信息化模式一是主要利用物联网、云计算、大数据、移动互联和人工智能等现代信息技术，整合原有雨水情监测系统、视频监控系统，建成无人机航拍、机器人技术、卫星数据、专网视讯、三维 GIS 和专业水文模型为一体的智慧水库管家云平台。二是为水库管理、巡查人员安装智慧运行平台软件，巡查人员在每环节完成后将现场运行情况进行提交（文字、图片、视频），由后台自动生成巡查轨迹、巡查记录表，实现了巡查工作的量化和有效监督管理。三是为"水库三个责任人"安装智慧水库手机 App，设定相应业务权限，提供巡视检查、观测监测、维护养护、现场管理与保洁、预报调度和专项探测服务，及时掌握水库信息。四是公司和区水利局通过外网上登陆智慧水库平台对水库监测数据和运维工作进行全通过移动 App、水库管家云平台提供基于一张 GIS 地图，涵盖水雨情监测、信息预警、720VR 展示、视频监控、巡视检查、养护维护和保洁记录等功能模块的水库管理软件服务。

同时，组织了专业物业化公司，通过信息化手段主要完成了如下工作：一是制度上墙。制作了巡查、保洁、值班 3 项制度牌，并全部张贴在水库管理房内，并加强制度的执行。二是人员上岗。在非汛期固定人员＋临时人员共 13 人，汛期水库驻库人员 16 人，实行 24 小时值守，临时人员 5 人，村级巡库员 8 名，汛期每天巡查、非汛期每周巡查一次，做到有记录，检查巡查内容共 14 项，7 天观测一次测压管数据，观察大坝浸润线变化情况，做到及时发现问题，随时解决问题。三是设备上库。购置了割草机 4 台、面包车 2 台、柴油汽车 1 台、铁锹 20 把、镰刀 10 把，撬棍 5 根、巡查船 8 只、电锯 2 把、冲击钻 1 个、太阳能电池板发电装置 2 套、发电机 1 台等日常维护设备和机械，全部在水库管理房内存放。同时，为每座水库配备了电磁炉、雨衣、雨鞋、手电、床等生活用具和用品，为汛期值守人员提供必要生活条件、巡查用品。汛期有人管、有人问，汛后无人管、无人看的问题已经不复存在。

此外，还有云南省安宁市、广东省惠东县、福建省漳浦县、福建省云霄县等 13 个县区应用这种模式实现小型水库的集约化、信息化和物业化管理。

8.2.2　安徽定远模式（信息化）

信息化管理模式主要为小型水库的水利主管部门提供"水库管家"智慧云平台和智能移动手机 App，以科技赋能小型水库管理，通过采用物联网、云计算、大数据等高新技术手段，辅以专业的社会化和培训服务，实现小型水库集约化、远程化、智能化管理。

该模式的典型应用是安徽省定远县。编制了定远县小型水库管护标准，建立了水库巡检、维修养护、保洁等业务的规范化流程，基于移动互联技术对标准内容进行结构化与离散化处理，运用自主研发的移动终端 GPS 芯片获取地理位置信息自动生成巡检运维路径轨迹以及巡检运维过程自动匹配巡检点技术，开发了集信息查询、实时监测、巡查检查、维修养护、问题报告、防汛管理、责任落实、管理考核等于一体的小型水库标准化管理移动 App，面向运维人员实现了管护业务全流程电子化、规范化、移动化，面向管理人员实现管护信息全程追溯，管护人员动态考核；形成了标准化的运行流程、作业方法和操作步骤，为标准化管理提供技术保障，切实提高"三个责任人"履职能力、提高水库管理效率、降低管理成本。

应用这种模式的还有吉林省、青海省、陕西省、江西省吉安市、辽宁省沈阳市、湖北省东宝区、河南省南阳市等 30 余个省（自治区、直辖市）、县（市、区），通过"水库管家"平台实现小型水库的集约化和信息化管理。

8.3　应用效益

经实践证明，水库管家平台成果的运用，能切实解决小型水库管理难题，保障小型水库工程的安全稳定，使小型水库充分发挥防洪减灾、水环境保护、水资源保护利用等社会效益及生态效益、经济效益；更大限度地保护了人民群众的生命财产安全，推动新时代水利高质量发展，为国家经济发展和现代化建设提供基础保障。

经济效益计算主要体现在两方面。一方面是应用"水库管家"系列成果产生的经济效益。具体包括：节约管理运行成本、增加经济产量和产值。由于大部分小型水库是公益性水库，其增加经济产量和产值难以估算。因此在经济效益估算上主要考虑节约运行管理成本。各地区依据自身经济发展水平，计算小型水库管理成本，通过应用"水库管家"平台产品和服务后，实现集约化、远程化、信息化、物业化等服务，估算管理节约的管理成本。因区域经济发展水平不同，人力成本差异较大，所以没有统一的标准来估算节约的管理成本。另一方面是应用"水库管家"后产生的防洪效益。由于大多小型水库具有防洪功能，因此防洪效益是小型水库重要的体现。当前没有统一的防洪效益计算方法，一般根据地方估算的地区多年平均防洪效益，然后计算小型水库在地区水利工程的比重，折算出小型水库的防洪效益。依据水利部规定的非工程措施在防洪效益的比重应在5%～10%，在该成果应用中取5%的折算比例计算防洪效益。

依据上述方法，根据各地区已开出的经济效益证明，累计证明的节约成本效益为1.54亿元，防洪效益为2.08亿元，经济效益和社会效益显著。

总结与展望

9.1　总结

　　小型水库在国民经济建设中发挥了重要作用，但是也是国家和地区安全度汛的关键，以及盲点和痛点。作者及其团队通过对小型水库的管理机制以及安全运行保障技术进行创新研究，形成了本书主要成果，具体如下。

　　（1）研究和建立了小型水库安全运行标准化管理制度和规范，研究了小型水库社会化和专业化创新管理模式和政府购买服务的策略；提出了基于"互联网＋"的小型水库"水库管家"科技创新服务模式和技术体系，研究了面向标准化管理的多源异构信息融合技术。通过对小型水库管理模式的研究，规范了小型水库的管理行为，对破解小型水库点多面广和经费不足等问题，提供了新的解决方案。

　　（2）研究了小型水库雨水情监测技术与研制了新型设备。研制了双筒互补型全自动的雨量蒸发观测仪器系统，研发非接触式水位流速监测技术及系统，设计分布式水文智能测控系统，提出水文巡测规范、水文缆道设计及施工的规范化、标准化设计。雨水情监测技术研究及设备研制是提高小型水库安全运行的重要手段之一。

　　（3）研究了小型水库工程安全监测、探测技术与研制了设备。研发了基于无线低功耗数据传输通信技术的大坝安全监测采集装置，研究了集成地质雷达法、瑞雷波法、高密度电法和跨孔地震波 CT 方法于一体的工程安全隐患探测技术，解决了小型水库供电条件差、有线网络铺设难度大和自动化监测难等问题。

　　（4）研究了小型水库洪水预报与应急预警技术。研究和建立了基于参数时空转换函数和降水偏差校正技术的入库洪水预报技术，建立了水旱灾害预警指标，研究了小型水库应急监测预警和水文分析方法，显著提升了小型水库防御洪水和应急预警能力。

（5）研发了"水库管家"智慧云平台和智能移动 App。建设集大数据技术、云计算、物联网等多种技术于一体的小型水库"水库管家"智慧云平台，研发面向小型水库安全运行标准化管理的"水库管家"智能移动 App，为实现小型水库运行管理的科技创新服务模式提供了新技术支撑。

本书研究成果已在全国 10 余个省份，1 万余座小型水库管理中应用，为保障小型水库安全运行，防洪安全和生态环境安全保驾护航，经济社会效益显著，应用前景广泛。

9.2 展望

（1）小型水库安全运行管理研究涉及管理学科、水利水电工程学科、水文学及水资源学科、计算机应用学科等多学科，是交叉学科领域的应用研究，具有系统性、复杂性和不确定性等特点，科学、实用、系统的小型水库安全运行管理的体系和方法，将在今后的应用实践中持续深入地研究。

（2）由于各地区小型水库管理现状差异比较大，应用需求差异也比较大。所有地区对"水库管家"智慧云平台以及智能移动 App 都有应用需求，但是受限经费和技术队伍，对于小型水库的水位气象预报、应急调度预警、大坝安全自动化监测等专业内容需求差异大。经济条件好，以及技术队伍水平高的地区会对专业化应用提出较高需求，反之，则更多关注水库养护和监管等简单功能实现。需要加强对专业化内容的研究，形成更为实用，容易接受的科技成果，对小型水库的防汛调度决策起到关键性的指导作用。

（3）全国各省各地都在持续有效地加强小型水库管理，但是由于小型水库点多面广，信息化基础比较薄弱，要实现全国 9.8 万余座所有小型水库的信息化、标准化、集约化和物业化管理还有很大的差距，需要在管理模式、方法和技术上不断创新，同时应加大财政资金投入和人才队伍培养建设。

（4）雨水情监测和大坝工程安全监测已有较为成熟的监测技术和产品，但由于设备成本和技术复杂性，大多不太适用于小型水库。在应用"水库管家"成果时，一方面集成应用已有的成熟技术产品，另一方面也瞄准小型水库的需求和特点，研发了适用于小型水库的新技术和新产品，如雨量监测和计算、非接触式的水位流量监测、工程安全监测、水文气象耦合预报等技术和产品，并在部分水库进行了示范应用，新技术新产品的稳定性还需要在推广应用中进一步完善。

参 考 文 献

［1］ Bastola S，Murphy C. Sensitivity of the performance of a conceptual rainfall‐runoff model to the temporal sampling of calibration data ［J］. Hydrology Research，2013，44（3）：484‐494.

［2］ Chen J，Brissette F. Combining stochastic weather generation and ensemble weather forecast for short‐term streamflow prediction ［J］. Water Resources Management，2015，29（9）：3329‐3342.

［3］ Chen J，Brissette F，Li Z. Post‐processing of ensemble weather forecasts using a stochastic weather generator ［J］. Monthly Weather Review，2014，142：1106‐1124.

［4］ Chen J，Brissette F，Chaumont D，et al，Finding appropriate bias correction methods in downscaling precipitation for hydrologic impact studies over North America ［J］. Water Resources Research，2013，49（7）：4187‐4205.

［5］ Hapuarachchi H，Wwang QJ，Pagano T C. A review of advances in flash flood forecasting ［J］. Hydrological Processes，2011，25（18）：2771‐2784.

［6］ Laloy E，Vrugt J A. High‐dimensional posterior exploration of hydrologic models using multiple‐try DREAM（ZS）and high‐performance computing ［J］. Water Resources Research，2012，50（3）：182‐205.

［7］ Lu H，Hou T，Horton R，et al. The streamflow estimation using the Xinanjiang rainfall runoff model and dual state‐parameter estimation method ［J］. Journal of Hydrology，2013，480：102‐114.

［8］ Sobol I M. Sensitivity Estimates for Nonlinear Mathematical Models ［J］. Mathematical Modelling and Computational Experiment，1993，1（4）：407‐414.

［9］ Vrugt J A，Ter Braak C J F，Diks C G H，et al. Accelerating Markov Chain Monte Carlo Simulation by Differential Evolution with Self‐Adaptive Randomized Subspace Sampling ［J］. International Journal of Nonlinear Sciences & Numerical Simulation，2009，10（3）：273‐290.

［10］ Yatheendradas S，Wagener T，Gupta H，et al. Understanding uncertainty in distributed flash flood forecasting for semiarid regions ［J］. Water Resources Research，2008，44.

［11］ 包红军，王莉莉，沈学顺，等. 气象水文耦合的洪水预报研究进展 ［J］. 气象，2016，42（9）：1045‐1057.

［12］ 曹飞凤，尹祖宏. 融合 MCMC 方法的差分进化算法在水文模型参数优选中的应用 ［J］. 南水北调与水利科技，2015，13（2）：202‐205.

[13] 曹方晶. 山东省小型水库管理问题研究 [D]. 济南：山东大学，2015.

[14] 戴向前，廖四辉，周晓花，等. 水利工程管理体制改革展望 [J]. 水利发展研究，2020，20 (10)：59-63.

[15] 方崇惠. 基于数值仿真混凝土拱坝溃决失效及溃坝洪水计算研究 [D]. 武汉：武汉大学，2010.

[16] 傅惠寰，李志威，胡进民. 小型水库风险管理与响应对策 [J]. 中国农村水利水电，2011 (4)：150-151，155.

[17] 傅云飞，刘奇，王雨，等. 热带测雨卫星搭载的仪器及其探测结果在降水分析中的应用 [J]. 中国工程科学，2012，14 (10)：43-50.

[18] 范连志，张小会，李俊辉. 我国小型水库管理中的问题及对策 [J]. 中国水利，2011 (20)：41-42，45.

[19] 方卫华，陈允平，钱雨佳. 基于水利改革发展总基调的小型水库安全管理研究 [J]. 中国农村水利水电，2020 (8)：193-197.

[20] 方卫华，陈允平，杨浩东. 小型水库实用"六字"管理法 [J]. 中国水利，2020 (22)：52-54.

[21] 郭生练，刘章君，熊立华. 设计洪水计算方法研究进展与评价 [J]. 水利学报，2016，47 (3)：302-314.

[22] 巩轶欧，刘桂桂，田长涛，等. 流域降雨径流预报中土壤含水量计算分析 [J]，水利科技，2016，(2)，150-151.

[23] 黄攀，童文虎，后家兵. 山洪灾害分析评价外业测量实践与思考 [J]. 低碳世界，2015 (25)：123-124.

[24] 黄长红，吴士夫，黎炎庆，等. 山洪灾害外业调查方法 [J]. 水利水电快报，2016，37 (7)：44-48.

[25] 胡余忠. 山洪影响评价与阈值分析关键技术问答 [J]. 山洪灾害防治，2016，(2)：23-27.

[26] 胡余忠. 山洪影响调查评价与预警体系建设方法研究 [J]. 水文，2015，(3)：21-23.

[27] 胡余忠. 山洪灾害影响评价外业调查核心技术问答 [J]. 山洪灾害防治，2015，(2)：26-33.

[28] 金有杰，牛睿平，刘娜. 小型水库安全分级监管模式与云平台研究 [J]. 中国农村水利水电，2020 (1)：154-159.

[29] 金袭，林玲，俞扬峰，等. 基于 GIS 的区域小型水库群移动智慧管理系统研发 [J]. 人民珠江，2020，41 (4)：108-116.

[30] 姜丽红，贾杰. 山溪性河流河道糙率分析与研究 [J]. 甘肃科技，2015，(19)：80-81.

[31] 刘德地，陈晓宏，楼章华. 基于云模型的降雨时空分布特性分析 [J]. 水利学报，2009，40 (7)：850-857.

［32］ 黎凤赓，彭月平，万思源，等. 小型水库实施标准化管理的对策措施［J］. 江西水利科技，2019，45（3）：202－204，210.

［33］ 李心铭，罗钟毓. 多维线性汇流系统的识别与长办汇流曲线参数的计算公式［J］. 科学通报，1985（20）：1590.

［34］ 吕金宝，张领见，傅力生. 江苏省小型水库安全管理现状及对策［J］. 人民长江，2008，39（16）：99－100.

［35］ 李昌志，孙东亚. 山洪灾害预警指标确定方法［J］. 中国水利，2012，（9）：54－56.

［36］ 毛北平. 垂向混合产流模型在无资料地区山洪灾害临界雨量计算中的应用［J］. 应用基础与工程科学学报，2016（4）：720－730.

［37］ 穆穆，陈博宇，周菲凡，等. 气象预报的方法与不确定性［J］. 气象，2011，37（1）：1－13.

［38］ 齐伟，张弛，初京刚，等. Sobol方法分析 TOPMODEL 水文模型参数敏感性［J］. 水文，2014，34（2）：49－54.

［39］ 裘善文，李凤华. 试论地貌分类问题［J］. 地理科学，1982，2（4）：327－335.

［40］ 冉启华，梁宁，钱群，等. 移动降雨时空分布对坡面产流的影响［J］. 清华大学学报（自然科学版），2013，53（5）：636－641.

［41］ 盛金保. 小型水库大坝安全与管理问题及对策［J］. 中国水利，2008（20）：48－50，52.

［42］ 孙晓俊，李亚龙，张春红. 滩地糙率分析［J］. 东北水利水电，2007，（10）：14－15.

［43］ 史明礼，苏娅，乔松林，等. 山区河道糙率变化规律浅析［J］. 水文，2000，（2）：19－22.

［44］ 谈戈，夏军，李新. 无资料地区水文预报研究的方法与出路［J］. 冰川冻土，2004，26（2）：192－196.

［45］ 谭政. 关于我国水库运行管理方式的探讨［J］. 人民长江，2011，42（10）：105－108.

［46］ 陶诗言，赵思雄，周晓平，等. 天气学和天气预报的研究进展［J］. 大气科学，2003，27（4）：451－467.

［47］ 田济扬，刘荣华，李锐，等. 气象水文耦合预报技术在山洪灾害防御中的应用与展望［J］. 中国防汛抗旱，2020，30（Z1）：54－57，112.

［48］ 陶文富. 小型水利工程"水库管家"运行管理服务模式研究［J］. 水利信息化，2020（2）：66－69.

［49］ 王云峰. 永和县山洪灾害雨量预警指标计算方法简述［J］. 山西水利，2012（4）：14－15.

［50］ 王莉莉，陈德辉. GRAPES NOAH－LSM 陆面模式水文过程的改进与试验研究［J］. 大气科学，2013，37（6）：1179－1186.

[51] 王家祁. 中国设计暴雨和暴雨特性的研究 [J]. 水科学进展，1999，10（3）：328-336.

[52] 邢广彦，邢广君. 我国小型水库安全管理现状与对策 [J]. 黄河水利职业技术学院学报，2007（4）：12-13.

[53] 肖仕燕，刘学祥，喻江，等. 小型水库运行管理现状与管理方法 [J]. 云南水力发电，2021，37（1）：184-185，188.

[54] 许晨璐，王建捷，黄丽萍. 千米尺度分辨率下 GRAPES-Meso4.0 模式定量降水预报性能评估 [J]. 气象学报，2017，75（6）：851-876.

[55] 许崇育，陈华，郭生练. 变化环境下水文模拟的几个关键问题和挑战 [J]. 水资源研究，2013，（2）：85-95.

[56] 徐少军，江炎生，毛北平，等. 基于降雨径流关系曲线插值法的山洪临界雨量计算 [J]. 中国防汛抗旱，2015，25（6）：6.

[57] 徐慧敏. 关于水利工程中河道糙率的研究 [J]. 水利科技与经济，2010，16（11）：1253-1256.

[58] 姚志坚，高时友. 溃坝洪水演进计算中建筑群糙率的模拟 [J]. 人民珠江，2008，29（5）：8-9.

[59] 杨正华，华炳生. 小型水库管理情况调查报告 [J]. 中国农村水利水电，2007（11）：52-54，57.

[60] 殷志远，赖安伟，公颖，等. 气象水文耦合中的降尺度方法研究进展 [J]. 暴雨灾害，2010，29（1）：89-95.

[61] 张志彤. 山洪灾害防治措施与成效 [J]. 水利水电技术，2016，47（1）：1-6.

[62] 张文华，夏军，张翔，等. 考虑降雨时空变化的单位线研究 [J]. 水文，2007，27（5）：1-6.

[63] 张泽宇，张永爱，梁存锋. 流域水文模型在临界雨量分析中的应用研究 [J]. 人民黄河，2015，37（1）：38-41.

[64] 张泽峰. 浅谈山洪灾害的成因与防治 [J]. 科技创新与应用，2016（5）：155.

[65] 张小丽，彭勇，徐炜，等. 基于 Sobol 方法的新安江模型参数敏感性分析 [J]. 南水北调与水利科技，2014，（2）：20-24，33.

[66] 张克阳. 小型水库安全管理模式的探索 [J]. 中国水能及电气化，2018（11）：24-26.

[67] 张龙. 新疆小型水库运行管理现状及对策建议 [J]. 水利技术监督，2020（4）：75-78.